高等职业教育航空类专业系列教材
中国特色高水平高职学校建设成果

飞机维护

FEIJI WEIHU

主编　王林林　张文元

参编　贾海文　程　恬　谢召燕　林　坤

主审　邢福根（东方航空技术有限公司）

西安交通大学出版社
XI'AN JIAOTONG UNIVERSITY PRESS

图书在版编目(CIP)数据

飞机维护 / 王林林,张文元主编. —西安:西安
交通大学出版社,2025.7
高等职业教育航空类专业系列教材
ISBN 978-7-5693-3636-8

Ⅰ. ①飞… Ⅱ. ①王… ②张… Ⅲ. ①飞机—维修—
高等职业教育—教材 Ⅳ. ①V267

中国国家版本馆 CIP 数据核字(2024)第 009662 号

书　　名	飞机维护
	FEIJI WEIHU
主　　编	王林林　张文元
参　　编	贾海文　程　恬　谢召艳　林　坤
主　　审	邢福根
策划编辑	曹　昳
责任编辑	王玉叶
责任校对	张明玥
封面设计	任加盟

出版发行	西安交通大学出版社
	(西安市兴庆南路 1 号　邮政编码 710048)
网　　址	http://www.xjtupress.com
电　　话	(029)82668357　82667874(市场营销中心)
	(029)82668315(总编办)
传　　真	(029)82668280
印　　刷	西安五星印刷有限公司

开　　本	787 mm×1092 mm　　1/16　印张 13.25　字数 280 千字
版次印次	2025 年 7 月第 1 版　2025 年 7 月第 1 次印刷
书　　号	ISBN 978-7-5693-3636-8
定　　价	49.00 元

如发现印装质量问题,请与本社市场营销中心联系。
订购热线:(029)82665248　(029)82667874
投稿热线:(029)82668502
读者信箱:phoe@qq.com

前 言

二十大报告指出教育是国之大计、党之大计。培养什么人、怎样培养人、为谁培养人是教育的根本问题。育人的根本在于立德。全面贯彻党的教育方针,落实立德树人根本任务,培养德智体美劳全面发展的社会主义建设者和接班人。坚持以人民为中心发展教育,加快建设高质量教育体系,发展素质教育,促进教育公平。统筹职业教育、高等教育、继续教育协同创新,推进职普融通、产教融合、科教融汇,优化职业教育类型定位。

飞机维护是飞机机务人员为保持飞机的固有可靠性所进行的一种基础性、日常性和预防性的技术保养活动。为了做好飞机维护工作,机务人员不仅要有扎实的飞机维护基本知识和技能,还应在严格遵守飞机维护工作规定要求的前提下,不断加强新技术的学习。本书结合职业教育特点、航空器维修人员执照考试及飞机维护实际工作中的要求进行编写,分为7个项目,采用模块化、项目式结构和活页形式,方便学生学习。

本书由西安航空职业技术学院、东方航空技术有限公司和中国民用航空局授权航空器维修人员执照培训机构的教员共同编写。本书是西安航空职业技术学院中国特色高水平高职学校和专业建设任务之一。参与本书编写的人员有:西安航空职业技术学院王林林(前言、项目3和项目5中5.3)、西安航空职业技术学院张文元(项目1、项目2、项目5中的5.1、5.2、5.4、5.5)、西安航空职业技术学院贾海文(项目4)、航空器维修人员执照培训机构程恬(项目6)、西安航空职业技术学院谢召艳(项目7中7.1、7.3)、林坤(项目7中7.2、7.4)。

本书编著过程中得到东方航空技术有限公司邢福根的大力支持和审读,在此对他表示诚挚的谢意。本书的思政案例均引自"学习强国"软件,专业知识参考了相关领域专业学者的研究成果,在此对这些成果的创造者表示感谢。本书获得陕西省职业技术教育学会2023年度教育教学改革研究课题基金的资助(课题名称:《飞机维护》课程活页式教材开发研究,课题编号:2023SZX228)。

由于作者水平有限,书中难免有不足之处,恳请广大读者批评指正。

编 者

2025 年 3 月

目
CONTENTS
录

飞机外场安全防护

目标 点击

● **技术目标**

1.掌握飞机维护安全要求。

2.掌握飞机维护产生危险的常见因素。

3.掌握飞机维护的安全防护措施。

● **能力目标**

1.能够正确掌握飞机维护中的注意事项。

2.确保飞机维护过程中飞行器的安全。

3.确保飞机维护过程中人员的安全。

● **思政目标**

1.具有质量意识、安全意识、工匠精神、创新素养。

2.尊重生命,热爱劳动,具有社会责任感和社会参与意识。

3.勇于奋斗,乐观向上,有较强的集体意识和团队合作精神。

情景 导入

  飞机的安全飞行,离不开日常的悉心维护。在飞机发动机、机载设备部分或全部丧失功能,直接影响飞行安全时,需要通过维修和护理,恢复飞机的可靠性,保证飞机的正常飞行。

  飞机维护过程中,对安全性的要求非常高,稍不留神都有可能引发一场灾难,所以飞机维护工作必须处处严谨。无论是一般性安全防护,还是发动机危险区域的安全防护,抑或是飞机牵引过程中的安全防护,都容不得丝毫差错。

知识 导航

1.1 飞机维护安全相关规定

  飞机维护是航空维修的重要工作,既是保持飞机固有可靠性的重要途径,也是提高飞机使用可靠性的重要手段。对提高飞机维修质量、使飞机保持良好的技术状态,从而完成各项飞行任务,具有重要作用。由于飞机及其机载设备的构造精密复杂,因此对维护工作规范性、安全性的要求极高。飞机维护工作人员必须在开展飞机维护工作时,严格执行飞机维护的各项安全规定。

1. 一般安全规定

(1)所有维修工作人员进入工作区域必须佩戴工作证件,无关人员不得在工作现场逗留。

(2)维修现场应保持整齐、清洁,特别是飞机、发动机附近的碎石、杂物应及时予以清除,以防止被吸入发动机。

(3)维修设备,如工作梯、千斤顶、拖杆及各类特种车辆必须保持完好和清洁,工作结束后应放回规定的区域内,机动设备应将动力源关断,备有刹车和稳定装置的设备应使其处于规定的状态。

(4)执行维修工作时,工作人员应按规定使用劳动保护用品(包括劳动用鞋、工作服、耳塞等),发辫不得露出工作帽外,不准穿高跟鞋,工作服口袋内不装与工作无关的杂物。

(5)在客舱内部工作时,穿戴的工作服、手套应整洁,鞋底无油污、脏物或穿上鞋套,座椅应套上防护罩,过道地毯上应有垫布,穿着带油污的工作服时不得随意坐在椅子上。

(6)在机翼、机身上工作时,要穿软底鞋或者垫上踏布。在机翼部位工作时只能在规定部位行走,在发动机、起落架舱、设备舱等部位工作时只能站在允许踩踏的部位,在任何情况下不能穿带钉子的鞋在飞机上工作。

(7)禁止使工作梯、特种车辆直接接触飞机(一般应保持2~8 cm距离),在进行人工加油时要避免加油管直接与机翼蒙皮相摩擦。

(8)清洁客舱、驾驶舱玻璃,应使用绒布或麂皮,沾中性肥皂水或专用清洁剂,禁止使用丙酮、汽油等溶剂。蒙皮(布)表面有油垢时应用中性肥皂水或规定的清洁剂清洗后,再用清水洗净。有冰、雪、霜时应用规定除冰设备和除冰剂清除,禁止用刮削、敲击的方法除冰或硬扯冻结在蒙皮上的布罩。

(9)在飞机外部高处工作和在有冰、雪、霜的飞机表面工作时,工作人员必须按规定系上安全带,无安全带时,应通过其他手段加以保护,避免跌落受伤。

(10)维修人员执行各种专业作业时,必须穿戴相应的防护用具,如专用工作服、头盔、耳塞、护耳、防体、护目、手套、安全带、防毒面具等。在工作前必须熟知有关专业操作安全规则和注意事项,严格按有关手册规定进行操作。

(11)设备不可用或正在进行维修工作应使用红色警告牌。

(12)维修用的工作梯脚踏板必须有防滑设备,2 m以上的台式工作梯必须设置扶手和栏杆。动力或人工折叠式梯子必须有锁定和防滑装置,伸缩式高梯必须有安全带装置。

(13)喷漆、涂饰工作现场应具有良好的通风,以消除有害气体对人体的危害。

(14)在具有引起火灾的条件下工作时必须预先配置好规定的防火设备,禁止冒险作业。

(15)在维修工作区域内及距离飞机25 m之内,严禁抽烟或使用明火。

(16)工作完毕后必须清点工具,以免将工具遗失在飞机和发动机上。如发现工具缺少,在证实未遗失在飞机上之前,不得将飞机放行。

2. 发动机危险区域及安全通道

外场的人员、车辆在发动机运转时不得进入危险区域(如图1-1、图1-2所示),以免造成人员伤亡及设备损坏。

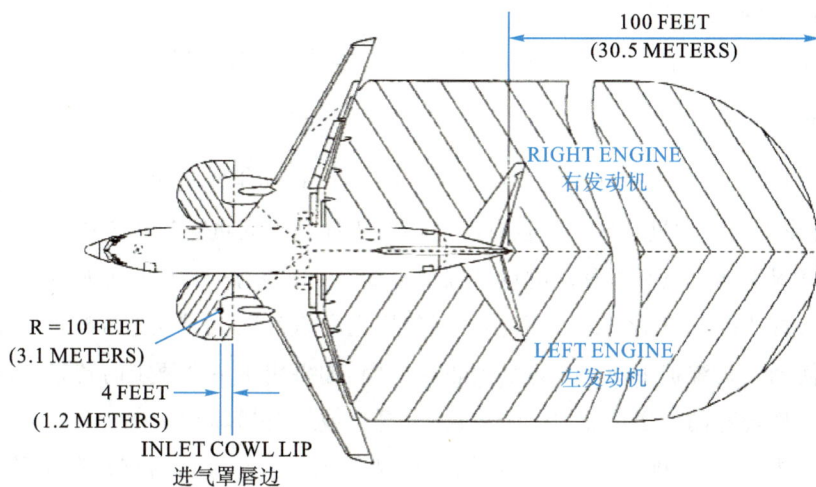

图1-1　发动机在慢车功率时的飞机危险区域

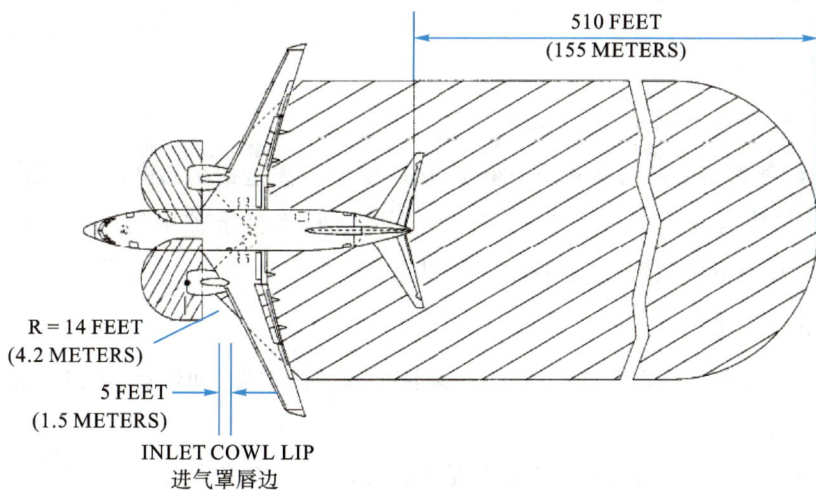

图1-2　发动机在起步功率时的飞机危险区域

（1）发动机在地面试车时，在飞机区域活动要遵守发动机安全区域要求。

（2）发动机试车时的危险区域有三种：进气道危险区、排气危险区、噪声危险区。

（3）发动机的安全通道是试车时接近发动机的通道，可以通过该通道从进、排气危险区以外的区域接近发动机，一般仅在地面慢车时接近。

（4）进气道危险区的人、地面污染物可能会被吸入发动机内。排气具有高速、高温、气体污染的特点。此危险区会对人和设备造成危害。在噪声危险区内长时间停留会对人的听力造成损害，所以接近此危险区时应带上护耳装备（如耳塞、耳罩等）。

（5）发动机的危险区域与发动机的推力有关，推力越大，危险区域范围越大。请参照各机型飞机维护手册区分危险区域。

（6）当发动机使用反推力时，进气道危险区域加大，没有可接近发动机的安全通道。

3. 飞机牵引的安全规定

（1）牵引飞机时，所有人员必须站在拖车、牵引杆、前轮和主轮周围的危险区域以外。由于飞机在向后推或向前拖的过程中，飞机会改变位置，因此地面人员必须知道前轮、主轮和拖车可能进行转弯，确保地面人员和可移动的设备保持至少 3 m 的距离，否则可能造成致命伤害。

（2）牵引飞机过程中，需检查刹车状态，如果使用飞机的刹车，可能会造成拖把的剪切销断开。

（3）必须使用飞机维护手册上规定的前轮转弯销，如果用了不合要求的转弯销，销子就会松动，不能完全实现转弯的旁通功能，从而造成人员受伤或设备损坏。

（4）牵引飞机时，必须确保拖车的耳机线连接到了飞机上。确保所有起落架的地面销都已安装、电子舱舱门关闭、轮胎充气正常、刹车液压压力正常（大约 3000 psi），拆下飞机接地线。

（5）在拖车司机、地面人员及驾驶舱人员之间连接好内话系统。

（6）确保飞机牵引路线上没有工作梯、设备等障碍物。

4. 飞机停放的安全规定

1）飞机停放和拖行时的安全距离

飞机停放时要保持一定的横向安全距离，横向安全距离是指相邻停放的飞机之间、滑行或拖行中的飞机与障碍物之间的安全距离。行业标准和飞机维护手册（aircraft maintenance manual，AMM）中有具体规定，一般要求 7 m 以上。

2）挡轮挡的规定

（1）挡轮挡前应首先检查轮挡的状况，确保轮挡的防滑装置（如地抓、防滑凸起）没有缺失、轮挡的结构完好。

（2）放置轮挡前应彻底清除轮挡放置处地面的冰、霜、雪和油垢。

（3）必须顶起一个主起落架时应在另一侧主起落架和前起落架机轮前、后放置轮挡并使轮挡紧贴轮胎。

(4)过站放置轮挡的数量和位置,应按行业标准和 AMM 的有关规定执行。

3)静电接地的规定

在下列情况下飞机停放应执行静电接地,以防静电跳火伤害人员和损坏设备。

(1)在机坪和机库停放执行维修工作。

(2)使用动力设备(如动力工具、电源、灯光等)进行维修工作时。

注意:各机型静电接地方法应按维修手册或工作单的具体要求进行。

4)防风安全

不应在露天大风环境中进行登高作业,必须进行登高作业时,应使用具备抗风能力的工作梯架和锁定装置并采取可靠的安全保护措施,如佩戴安全帽、系安全带等。不应在露天大风环境中上下飞机和车辆,必须上下时,应在开关舱门和上下时抓紧扶牢舱门或其他固定物。风灾过后,应尽快检查飞机、各种地面设施及工具设备,特别应详细检查飞机上开口有孔的部位。如发动机进气口/排气口、皮托管、静压孔等。

5. 工具设备使用的安全规定

(1)对领用的工具设备,使用者在使用前应检查其工作是否正常。

(2)所有工具设备的使用者应严格执行三清点制度:工作前清点、工作地点转移前清点、工作后清点。

(3)维修设备,如工作梯、千斤顶、拖杆及各类特种车辆,必须保持完好和清洁,工作结束后应放回规定的区域内,机动设备应将动力源关断,备有刹车和稳定装置的设备应使其处于规定的状态。

(4)判断工具量程的适用范围。仔细阅读工具、设备的使用说明书,选择适当的量程(一般测量的取值在量程的 $1/3\sim3/4$ 最佳)。

(5)对计量工具设备,检查校验标签,确认其在有效期内。

(6)禁止使工作梯、特种车辆直接接触飞机(一般应保持 2～8 cm 距离)。

(7)完成工作后,需再次清点所用的工具、设备,在确认工具、设备无丢失或损坏后,将所用的工具、设备恢复到初始状态。

(8)维修人员与工具保管员逐件对照工具借/还记录本里的记录,归还工具,工具保管员填写好归还时间,维修人员在归还栏签章。

(9)对于使用过程中发现问题的工具设备,使用者需填写工具设备丢失/损坏/故障报告单。详细写明工具设备的故障情况,以便设备维修人员检查和修理,防止损坏的工具设备失控。

6. 电器设备使用的安全规定

1)一般安全规定

(1)地面电源向飞机供电的电压、频率和相位,必须符合飞机维护手册规定。

（2）停放在机库或正在检修的飞机，接通机上或地面电源要经现场维修负责人同意。

（3）使用220/380 V交流电设备的安装和排除故障，必须由专业电工进行。

（4）在下列情况下，不准接通地面和机上电源：

    ①燃油系统正在进行维修工作。

    ②正在进行喷漆（退漆）或其他需要使用易燃液体的工作。

    ③正在进行铺设钢索、电缆等工作。（有可能碰到外露的断电器。）

    ④飞机充氧勤务时。

（5）在飞机维修工作中，需要断开有关的电路时，应挂上红色警告牌。重新接通电路时，应通知机上正在工作的其他人员，防止伤害人员或损坏设备。

（6）在没有自动保险（断电）电门的部件上维修时，应将电瓶或地面电源开关置于关断位置，并挂上红色警告牌。如在维修过程中将保险丝取出，在保险丝座上也应挂上红色警告牌。

（7）维修人员离开飞机时，应将机上和地面电源关断。

（8）对油箱进行维修时，要使用防爆功能良好的工作灯和手电筒。

2）安全用电常识

（1）必须熟悉电气设备特性及使用要求，严格按安全操作规程操作。

（2）电源和设备必须有良好的接地线，并且火线、零线连接要正确。

（3）使用符合容量要求的电缆、插头、插座。

（4）插头、插座接触良好，导线要有良好的绝缘层，绝缘层破损的裸露导线必须更换。

（5）在开/关车间电闸之前，应检查确认全部电器的开关均在关断位，才能操作。

（6）当衣服、手、鞋是湿的时，不要接触电器，以防触电。

3）电气安全

电气火灾通常是由电气设备的绝缘层老化、接头松动、电路过载或短路等因素导致过热而引起的。尤其是在易燃易爆场所，上述电气线路隐患危害更大。为防止电气设备火灾发生，必须采取以下防火措施。

（1）经常检查电气设备的运行情况。检查接头是否松动，有无火花发生，电气设备的过载、短路保护装置性能是否可靠，设备绝缘是否良好。

（2）合理选用电气设备。有易燃易爆物品的场所，安装、使用电气设备时，应选用防爆、绝缘导线，且导线必须密封敷设于钢管内。应按爆炸危险场所等级选用、安装电气设备。

（3）保持安装位置的安全。为防止电气火花和危险高温引起的火灾，凡能产生火花和危险高温的电气设备周围不应堆放易燃易爆物品。

（4）保持电气设备正常运行。为避免过大的工作火花和危险高温，电气设备应由经培训考核合格的人员操作使用和维护保养。

（5）通风。电气设备的运行场所的通风系统应符合有关要求，保证良好的通风环境，以降低爆炸性混合物的浓度。

(6)接地。在易燃易爆的危险场所,电气设备的接地要求比一般场所高,无论其电压高低均应按有关规定可靠接地。

如果电气设备发生火灾,进行灭火需遵守以下规则。

(1)电气设备发生火灾时,着火的电器、线路可能带电,为防止火情蔓延和灭火时发生触电事故,发生电气火灾时应立即切断电源。

(2)当不能断电需带电灭火时,必须选择不导电的灭火剂,灭火时救火人员必须穿绝缘鞋、戴绝缘手套。

(3)用不导电的灭火剂进行灭火时,10 kV以上电压,喷嘴至带电体的最短距离不应小于0.4 m;35 kV以上电压,喷嘴至带电体的最短距离不应小于0.6 m。

工作人员在发现电击事故时要立即关断电源,将导体移开。受害人失去知觉时,要尽快进行口对口的人工呼吸,保护受害人不受寒并保持环境安静。电击后受害者可能身体僵直,但这不是死亡的标志,应继续抢救。如果发生呕吐应迅速将受害人推向侧卧,清除口腔中的呕吐物。

7. 机库安全规定

机库是设备多、空间相对小、安全要求高的区域,使用机库要遵循下列规则。

(1)机库内的各种设备都有定点存放区位。摆放在机库内的地面设备,如梯子、千斤顶等,使用完后必须按划线及标注放回原位,严禁占用消防通道。不应摆放在机库内的地面设备,必须推出机库摆放。

(2)机库的大门、天吊、中频电源、压缩气源等设施设备应由经培训合格人员严格按操作程序和安全规章进行操作。

(3)各种地面设备使用后,应清除污物、恢复到初始状态后,放回指定位置,放好后采用设置支脚、轮挡等手段固定,有防尘要求的应盖好防尘盖、布罩等。

(4)工作结束时应及时关断电、气源设备,将天吊及其小车移至一侧停放位并收短吊缆。

(5)移动地面设备时应注意移动速度和与航空器的间距(垂直间距和水平间距)。一般情况下,水平间距和垂直间距应不小于50 cm。水平间距过小时,应采取适当减速缓行和防擦碰等措施。垂直间距过小时,禁止穿行航空器任何部位(如大型登机工作梯必须绕过机翼推行)。

(6)严禁在机库内使用易燃、易爆、易挥发、有毒的清洗溶液对航空器部件和物品进行大面积的清洗工作。小范围、小面积清洗时,维修人员应遵守防火、防爆、环境保护等有关规定,注意及时清除积存和滴落的液体,且工作时必须将机库大门和机头坞门同时打开保证通风。

(7)严禁将任何油液排放到地面,按工作需要配备一定数量的接油盘、桶,如发现油液泄漏到地面必须及时进行处理,燃油用沙子覆盖,液压油、滑油等用锯末覆盖,然后及时清除。

(8)机库内不允许使用金属轮挡,必须使用橡胶轮挡,防止刮坏机库地面的漆层。

(9)在机库内严禁使用明火,禁止用金属物敲击的方法打开油桶和油箱盖。

1.2 飞机外场人员安全防护

飞机维护中人身安全风险源有高空坠落、部件挤压、磕碰飞机、化工伤害、地面设备危害、机坪交通事故等。这些风险源对飞机维护工作人员的人身安全带来了隐患,在维护过程中,应当尽量避免上述情况的出现。

1. 高空坠落防护

凡在距离基准面 2 m(含)以上有可能坠落的高处进行的作业称为高处作业。高处作业应尽可能地消除危险因素,减少对作业人员的威胁。如果不能完全消除危险,则应最大限度地降低危险程度。例如,对人群的防护应采用带护栏的工作平台,对个人的防护应配置个体坠落防护装备,包括坠落悬挂安全带、区域限制安全带等。安全带应当专人保管、存储并定期进行检查和校验,使用前应当检查各部位是否完好无损。安全带应拴挂于牢固的构件上,并防止挂点摆动或碰撞。使用坠落悬挂安全带时,挂点应位于工作平面上方。

高空作业常见的区域有飞控舵面、机身外部、辅助动力系统(auxiliary power unit,APU)及后部区域、上下工作梯及其他区域。

防范措施:

(1)在坠落高度达到 2 m 的区域工作时,必须正确使用安全带、安全绳。

(2)在上下工作梯时,注意检查工作梯摆放是否稳固,清理梯架台阶上的油污、冰雪。

(3)搬运工具、航材等物品时须 2 人共同完成,确保每人在上下梯架时可以扶梯架栏杆。

(4)上下 1.5 m(含)以上梯架时须扶梯架扶手,确保不出现踏空跌落的情况。

(5)站在工作梯上工作时,严禁踩踏栏杆或扶手。

2. 部件挤压防护

(1)飞控舵面:人员在舵面执行维护工作时,舵液压系统必须处于释压状态,且相关操纵手柄安装有保护装置,在进行操作测试时,必须安排人员进行有效监护,同时做好和驾驶舱的通信联系。

(2)起落架舱:完成工作后,在关闭起落架舱门时必须确保人员不在舱门开关行程范围内。

(3)发动机:当风扇包皮或反推包皮开启作业时,必须确认相关撑杆固定锁住。

3. 磕碰飞机防护

磕碰飞机是指在典型区域部位,磕碰机身下部天线、排放管、发动机风扇包皮及部件、起落架、舱门等。

预防措施:

(1)在相关区域工作时,对该区域的尖锐处安装尖角保护套,或者佩戴安全帽。

(2)尽量避免在机身下部区域穿越。

4. 地面设备危害防护

(1)维修人员在使用设备前需进行功能检查,熟悉正确的操作方式。

(2)操作特种设备的相关人员须符合作业人员的资质。

(3)对故障或失效的设备应挂禁用标牌。

5. 机坪交通事故防护

凡进入飞行活动区的人员须一律佩戴机场公安部门发行的印有本人照片的外场工作证,自行车、摩托车不准进入飞行活动区和停机坪,进入停机坪的车辆必须装有黄色闪光灯,且必须有外场通行证。

车辆进入停机坪后车速不得超过 25 km/h,接近航空器时车速不得超过 5 km/h。各种勤务车辆应按规定路线行驶,不得危害航空器和人员的安全,禁止各种车辆在机身下、机翼下和旅客中穿行,无关车辆不准进入停机坪和接近航空器。

严禁无场内驾驶证的人员在停机坪开车,禁止用停机坪的车辆拉私人物品上机。

梯子、轮挡、灭火瓶等地面设备使用完后放回规定位置。回收的各种油料、空罐必须收回放在指定位置,不准随便乱丢。

工作人员进行机坪上行走,以及监护、检查、维护飞机时,应注意观察周围车辆,注意避开行李、航油、航食等车辆的撤离路线。在机坪上,不能边走路边低头看手机。内场驾驶应严格遵守交通规则,注意按交通指示通行,避免超速,避免疲劳驾驶,避免边开车边拨打电话。

6. 化工伤害防护

易燃、易爆、有毒、有害及有腐蚀性,并会对人员、设施和环境造成伤害或损害的化学品属于危险化学品。航空器维护工作中经常会接触许多危险材料,如汽油、液压油、泰氟隆、水银、环氧树脂、聚酯树脂、氟利昂、镍铬电池、电解液、电镀液、玻璃纤维、清洗液等,在工作中要正确识别和安全使用危险化学品,必要时须查询化学品安全技术说明书(material safety data sheet,MSDS)。

1)易燃材料的安全使用

易燃性材料指开杯闪点低于 54.4 ℃的任何材料,例如各种酮类材料和酮溶剂、酒精类液体、石油、各种漆类材料和稀释剂、汽油、煤油、干燥剂、涂布油、各种清洗液和其他挥发性溶剂等。在使用易燃材料的工作中必须注意如下规则。

(1)在现场使用的易燃材料,只能存放在合格的、不渗漏的有盖容器内,除有专门规定外,不准使用易燃材料的混合液。

(2)使用易燃材料应远离明火、火花、电器开关及其他火源。在使用易燃材料的房间或区域应使用防爆电气设备,并严禁吸烟。工作人员不得穿着化学纤维材质的衣服或使用化纤材料的抹布,衣袋中不要装打火机。

（3）接触易燃材料如引起不良反应，应立即脱去被污染的衣服，用清水冲洗污染的地板和设备，将受影响的人员转移到有新鲜空气的环境中并立即请医生治疗。

2）常见油液的防护

飞机维护工作中常需要使用各种油液，如液压油、润滑剂、燃油以及各种油漆和密封胶等，其中某些油液对身体有害，使用时要特别注意安全防护。

（1）液压油。液压油有较强的腐蚀性和刺激性，在液压系统维护时必须使用专用工作服及手套、眼镜、口罩等，操作间必须保持良好的通风。如果皮肤、眼睛接触了液压油应用清水彻底清洗，必要时请医生处理。

（2）润滑剂。飞机使用的润滑剂一般分为三类：润滑油、润滑脂和固体（气体）润滑剂。加注润滑油或更换润滑油部件时，必须小心操作。不能让润滑油长时间接触皮肤，注油时要戴橡皮手套。飞机在进行润滑时，经常配套使用清洗剂、防咬剂和防腐剂等，这些化学品多数有强腐蚀性和毒性，使用时必须进行安全防护，避免直接接触，一旦皮肤或眼睛接触到，要立刻用水冲洗，并及时医治。

（3）燃油。航空燃油主要有航空煤油和航空汽油两大类。一般航空燃油的铅含量较高，长时间接触对皮肤有损伤，对脑部刺激较强烈。身体接触燃油后，应用肥皂水清洗。汽油进入眼内应用低压流动水或橄榄油冲洗眼睛，严重时应请医生治疗。检查油量和加油时，应站在上风口位置。航空器地面加油和放油时，要对操作场所（消防安全）、天气条件（雷电）、车辆设备（静电接地）、电气设施（电源管理）、通信设施（高频辐射）等进行检查，如发生溢油要立刻停止加油，并根据溢油面积进行如下处理。

当溢油区域超过 2 m² 时，距离溢油区 25 m 的范围内，禁止电气设备操作和设备移动，并及时用沙子、泥土或其他矿物吸收剂处理溢油，严禁用水将燃油冲入或排放到排水沟或下水道内。一旦燃油进入排水沟或下水道，应尽可能向排水沟或下水道注入大量的水，冲淡所含易燃油液。

当溢油区域超过 5 m² 时，要通知机场消防部门。

3）其他化学品的防护

接触环氧树脂、酚醛树脂、氟利昂、电池液、电解液、电镀液、玻璃纤维等有毒有害物质时应戴防护手套和防护眼镜，工作场所必须通风以避免上述物质的雾气聚集。维修人员在工作过程中，避免直接接触水银。在水银污染区工作，要有足够的通风，以避免吸入水银蒸气。所有清除水银过程中使用的工具，需要用肥皂水、热水或蒸汽清洗。

7. 其他安全防护措施

根据受伤部位对工伤事故进行统计，结果显示手部受伤概率最高。为了保护好手部，工作人员应该根据不同的场所和工作性质正确选用手部防护用品，如机械危害防护手套、绝缘手套、防静电手套、化学品防护手套、防高温/防寒手套等。

　　工作中应遵守所在单位的着装规定和要求。除了单位规定的正常制服外,在维护工作中为消除危险因素,减少对作业人员的威胁,经常使用的一次性防护服装有用于燃油箱作业的防静电工作服、用于喷漆或喷涂防腐剂的化学防护服等。

　　除特殊规定外,在可能存在物体坠落、碎屑飞溅、磕碰、撞击、穿刺、挤压、摔倒及跌落等可能伤害头部的场所时,应当佩戴安全帽,安全帽的材料不应与作业环境发生冲突,佩戴时应扣紧并防止碰擦飞机部件、控制开关等。

　　为保护足腿部免遭作业区域伤害,维修人员应当根据不同的场所和工作性质选择工作鞋。通常情况下应穿着安全鞋,安全鞋装有保护包头以防止脚趾受到机械伤害,鞋底防滑并具有一定的防刺穿性能。另外常见的防护鞋还有防静电鞋、防化学鞋和防水防滑鞋等。

　　航空器维护时,维护人员大多处于较高噪声的工作环境中,听觉器官经常处于听力疲劳状态,在此状态下继续接触强噪声,会使听觉器官由功能性改变发展为器质性病变,听力可能会永久丧失,所以加强预防和保护是非常重要的。选择护听器要充分考虑使用环境和佩戴个体的条件,并且应在提供有效听力保护的同时不影响维修工作的进行,避免过度保护。凡暴露在80 dB(含)以上工作场所的作业人员宜佩戴护耳器(如耳塞、耳罩),超过85 dB(含)以上的则必须佩戴。当佩戴护耳器后,人耳接触的噪声值仍超过85 dB(含),应采取双重防护(同时佩戴耳塞和耳罩)。

1.3　典型不安全案例

　　案例1:2014年5月7日,某航在完成A321飞机牵引任务的过程中,现场机务指挥人员被飞机前轮卷入导致挤压受伤,送往医院抢救无效死亡。在牵引飞机过程中,相关岗位人员缺乏安全敏感性,未按手册程序要求使用轮挡;规章意识淡薄,未按飞机维护手册和工作程序要求进行牵引工作前准备。工作者自我保护意识不足,应急处置措施欠妥。

　　案例2:2019年6月22日,某航货机在执行国际航班时,飞机起飞后前起落架不能收上,飞机返航,落地后检查发现前起落架安全销未拔出。工作人员更换6号主轮时插了5根起落架安全销(前起落架1根,左、右主起落架各两根),换轮工作完成后,移除起落架安全销时,只拔了左、右主起落架位置的四根,前起落架安全销未拔,并将四根安全销放回驾驶舱。该事件相关维护工作者工作不细致,没有严格执行工卡,放行人员未按要求进行三清点,而送机人员未认真绕机检查,工作敷衍,作风散漫,工作交接不认真,最终酿成事故。

　　案例3:2016年8月27日,某航A319飞机执行左发动机进气前环更换工作后,工具室值班员检查工具时发现缺少一把鹰嘴钳,与工作者进行核实并查找,但并未找到。飞机于次日8:21正常起飞执行当日航班。飞机在执行完往返航班后,维护人员反复检查左发动机,最后在风扇机匣区域发现遗失的鹰嘴钳。该维护工作者安全意识淡漠,没有严格执行工具三清点,作风散漫,麻痹大意,未按工作程序要求有效管控工具,为飞机航行安全埋下隐患。

工作任务

飞机安全牵引

任务情境

在停机坪牵引飞机是飞机维护人员经常要做的工作,甚至是一天工作中的主要任务。特别是在航班流量处于高峰的时段,各类进出港飞机、勤务车辆以及地面人员的活动十分频繁,如果再考虑到机场附近可能出现的恶劣气象条件或突发事件的影响,安全有效地执行飞机的牵引工作非常重要。因此,负责飞机地面牵引的人员必须熟练掌握飞机牵引的操作方法和注意事项。

任务描述

为满足飞机出港、塔台调度和飞机维修等工作的需求,飞机维护人员可通过安全牵引的方式,将飞机移动到指定机位。

任务分析及执行

飞机牵引是一项涉及人员、飞机和设备安全的重要工作,它要求相关人员必须听从指定人员指挥,遵守各项安全规则,各司其职,有序协作。

1. 执行人员的职责

1)地面指挥员的职责

地面指挥员由跟随牵引车的维护人员担任,应掌握牵引航空器的技术要求,同时熟知机场内的各种标志(指示灯、各种标志线等)。在牵引飞机的过程中,负责指挥牵引车司机开动牵引车或停车,指挥飞机上人员使用刹车。指挥员应随时观察周围是否有障碍物、牵引杆连接是否正常。在遇有紧急/危险情况时,应及时通知飞机上人员和牵引车司机执行正确操作。

2)机上人员的职责

机上人员应掌握航空器相关系统的操作方法,在牵引飞机的过程中必须集中精力,注意观察,始终与指挥员保持联络。在发生紧急/危险情况时,应及时使用刹车停住飞机。

3)牵引车司机的职责

牵引车司机在认为继续牵引飞机对飞机安全有影响时,可自行停止牵引飞机,与指挥员联络后再行牵引。在紧急/危险情况时,应根据实际情况及时刹车停止牵引飞机或迅速驾驶牵引车远离飞机,同时使用对讲机报告指挥人员通知机上人员刹车。

4）地面监护人员的职责

地面监护人员负责观察飞机有关部位与障碍物之间的距离,保证飞机安全通过障碍物。在紧急/危险情况时,应使用事先约定的有效联络方法通知牵引车司机停止牵引飞机。在推/拖飞机进出机库和复杂区域时,必须派有地面监护人员。地面监护人员的数量和位置应根据飞机的牵引路线、区域复杂情况、能见度、飞机停放密度等情况决定。

2. 拖飞机前准备

（1）关闭风扇整流罩。

（2）关闭反推整流罩。

（3）确保飞机在拖行重心范围内,并且燃油是平衡的。

（4）确保所有的地面起落架安全销已安装。

（5）确保电子舱接近门关闭。

（6）确保轮胎被正确充气。

（7）确保前起落架减震支柱已正确勤务。

（8）确保主起落架减震支柱已正确勤务。

（9）防止皮托管加热。

（10）给飞机供电。

（11）如果需要,启动或运转辅助动力系统。

（12）确保刹车压力正常（约 3000 psi）。

（13）去掉外电源。

（14）关断辅助动力系统。

（15）在拖车司机、地面人员、驾驶舱人员之间建立通话系统或等效措施。

（16）确保驾驶舱中有经授权的刹车操作人员。

（17）确保拖行道路上没有设备、坡道上没有梯架或设备。

（18）按需连接拖把到飞机和拖车上。

（19）拆下飞机静电接地线。

3. 从前起落架拖飞机

（1）将驾驶舱操作人员、拖车操作员和地面工作组布置到位,确保所有人员均可以视觉联系。

（2）确保驾驶舱操作人员与地面工作组和拖车司机可以通话或无线通信联系。

（3）确保轮挡已拿走。

(4)确保刹车释放。

(5)确保靠近工作区的人员知道拖行危险区域(拖车、拖把、前轮、主轮)。

(6)拖飞机。

拖飞机时登机门和下货舱门打开与否是可供选择的。在拖行飞机试图转弯前应缓慢径直向前。拖动过程中应保持刹车可用,满足安全规范的最小使用要求。

4.恢复飞机至可用状态

按下列步骤将飞机恢复到初始状态。

(1)连接静电接地线。

(2)断开和收好内话设备。

(3)解除辅助动力系统电源,辅助动力系统正常关闭。

(4)如果安装了起落架安全销,在滑行和起飞前取下。

5.飞机牵引程序的注意事项

综合备用飞行显示(integrated standby flight display,ISFD)接通电源后90 s内不要拖或移动飞机。

维护人员应首先将牵引杆与飞机连接好,再指挥牵引车司机将牵引车与牵引杆连接好。指挥员在确保各项准备工作完成后撤出轮挡,戴好耳机向机上人员发出松刹车的指令。此时驾驶舱人员应首先通过内话耳机提醒地面指挥员检查前轮转弯销是否插好,在得到确认后方可松开刹车并向地面人员发出刹车已松开的信号。地面指挥员接到信号后应观察位于前起落架上的刹车指示灯并确认刹车已松开后,向牵引车司机发出开始牵引飞机的指令。在飞机移动期间,地面指挥员应注意与拖车、牵引杆、前起落架机轮、主起落架机轮之间保持3 m以上的距离,还要注意观察拖行中的飞机与停放的飞机或移动中的障碍物之间的净距(静止或移动的两物体间最近两点间的水平距离)。

飞机到达指定停机位置时,地面指挥员应命令牵引车司机停车,下车后站在飞机前起落架机轮所应停止的黄线标识旁边,指挥牵引车缓缓前行。飞机停稳后,地面指挥员通过内话耳机通知机上人员实施停留刹车,在确认飞机停留刹车已刹好之后,挡好轮挡,再将牵引车与牵引杆的连接端脱开,并指挥牵引车司机驾驶牵引车慢速驶离飞机。最后将牵引杆从飞机上取下,并将其挂到牵引车上,牵引杆由牵引车带回并摆放至规定的位置。

课后 进阶

1.分析飞机维护的危险源。

2.分析飞机维护中降低风险的方法。

3.发动机处于慢车模式时,其危险区域有哪些?

4.飞机停放时左右相邻飞机之间的距离、滑行或拖行中的飞机与障碍物的横向安全距离一般是多少?

阅读 材料

木兰班组:修飞机的"女医生"们

飞机维护理论

目标点击

●**知识目标**

1.掌握飞机维护理论。

2.掌握提高飞机可用性的因素。

●**能力目标**

1.能够正确掌握飞机维护的基本理论。

2.减少飞机维护过程中,人为因素对飞行安全的影响。

●**素质目标**

1.具有质量意识、安全意识、工匠精神、创新素养。

2.尊重生命、热爱劳动,具有社会责任感和社会参与意识。

3.勇于奋斗、乐观向上,有较强的集体意识和团队合作精神。

情景导入

飞机可靠性是指飞机在规定条件下和规定时间内完成预定任务的可能性,通常以概率来表示。它是飞机质量好坏的重要标志,是飞机的设计指标之一。飞机的可靠性是由它的各组成部分(单元)的可靠性所决定的。对于串联系统(其中一个单元失效会引起整个系统的故障)来说,全系统的可靠性等于各单元可靠性的乘积。飞机的组成单元越多、环境条件越恶劣、贮存时间越长,可靠性就越低。飞机在飞行过程中会有很多不可预料的问题出现,比如气流、雷电,等等,都会对飞机安全有着至关重要的影响。复杂的系统、严酷的工作环境、长时间连续的工作频率和载人飞行的安全要求,都对飞机的可靠性提出很高的要求。在"阿波罗"工程中,一架飞机自身由约 710 万个零(元)件组成,其中一些零(元)件的失效可能导致整个飞机的故障甚至航行失败。仅使整个飞机达到 60％的可靠性,就需要每个零件的可靠性高达 99.9999928％。由此可见,单纯靠提高零(元)件的可靠性难以提高飞机的可靠性,飞机的可靠性需要多方面的保障。

知识 导航

2.1 可靠性维修理论

飞机的设计方案和设计质量决定了飞机的固有可靠性。因此在飞机设计时,有必要进行可靠性设计,它包括:对飞机作系统的可靠性分析和可靠性预测;向各分系统和单机、元器件分配可靠性指标;进行应力强度分析、潜在通路分析、故障(失效)树分析和故障模式致命度分析与后果分析;尽可能简化系统,采用标准件,进行电磁兼容设计、温度控制设计、边缘设计、降负荷设计、冗余设计(又叫重复设计或备份设计)和可维修设计等。为了减少操作故障,还要仔细地进行人机工程设计。可靠性维护的核心目标是通过科学的维护策略防止固有可靠性因使用损耗或环境因素而降低,或在故障发生后快速恢复其性能。

1.飞机维修模式

1)飞机定期检修

飞机定期检修即飞机装备每使用到一定的时限或次数以后所实施的周期性检查和维修。目的是深入检查装备的技术状况,发现机件的性能变化和机件内部的早期磨耗和损伤,彻底排除所发现的故障和恢复技术装备的性能。

2)基于时间的维修

基于时间的维修(time based maintenance,TBM)是在对产品故障规律充分认识的基础上,按一个特定的工龄期限或在工龄期限之前维修部件,而不管当时部件的状态如何,TBM 的优缺点如表 2-1 所示。采取 TBM 策略的前提是已知产品的寿命分布规律且该产品确有耗损期,其故障与使用时间有明确的关系。对于故障是随机发生的部件,采用 TBM 改进部件性能是无效的。

3)基于状态的维修

基于状态的维修(condition based maintenance,CBM)是指在飞机的使用寿命内,将产品的技术状况作为维修时机控制标准,为发现潜在故障而进行的维修活动。它基于这样一种事实,即大量的故障不会瞬间发生,而是要发展一段时间。CBM 通过一定的状态检测技术(目视、振动技术、滑油技术、孔探技术等)检查设备的潜在故障,以便采取措施预防或避免功能故障后果。潜在故障是一种可辨识的实际状态,它能显示功能故障将要发生或正在发生。CBM 的检查计划是基于状态而安排的动态的时间间隔,该策略适用于故障初期有明显劣化征候的产品或重要项目,并要求有适用的检测技术手段和标准,其优缺点如表 2-2 所示。

4)基于探测的维修

有经验的飞机维护工程师在许多情况下能通过人的感官(看、听、摸和闻)发现一些不正常的情况。通过人的感官进行状态监控并根据监控的结果进行维修称为基于探测的维修(detection based maintenance,DBM),DBM 的优缺点如表 2-3 所示。DBM 实际上是 CBM 的重要基础。

5)故障发现

当某功能的故障单独发生时,在正常情况下故障本身对操作人员而言是不明显的,那么该故障就是隐蔽故障。隐蔽故障增加了发生多重故障的风险。故障发现(failure finding)就是用于预防隐蔽故障,主要目的是防止多重故障或至少降低相关多重故障的风险,其优缺点如表 2-4 所示。

6)基于设计的维修

基于设计的维修(design out maintenance,DOM)重点在于改进设计。DOM 对于解决经常重复出现的问题是个很有效的策略,其优缺点如表 2-5 所示。在考虑 DOM 的时候,正确地确定引起问题的根本原因是很重要的,同时考虑 DOM 是否会带来其他方面的不利影响、目前的故障是否是在设备的最初设计阶段所产生的。

7)基于失效的维修

基于失效的维修策略(failure based maintenance,FBM)是不在故障前采取预防性维修措施,而是等到产品发生故障或遭到损坏后,再采取措施使其恢复到规定技术状态所进行的事后维修活动,也称修复性维修。采取的措施包括下述一个或全部活动:故障定位、故障隔离、分解、更换、再装、调校、检验以及修复损坏件等。FBM 策略是被动维修,适用于非重要维修项目,或作为预防策略的补充策略。

表 2-1　TBM 的优缺点

优　点	缺　点
有利于保持部件安全和产品性能	维修活动增多,成本提高
能提前安排维修需要的材料和人员,从而减少非计划维修产生的加班成本	可能会引起不必要的维修,带来成本提高
减少了二次损伤,从而减少维修成本	可能会损坏相邻部件

表 2-2　CBM 的优缺点

优　点	缺　点
能提前安排维修需要的材料和人员,从而减少非计划维修产生的加班成本	针对监控、温度记录和油液分析等检测技术的维护需要配备专门的设备和进行人员培训,费用高
最大化设备的可用性,减少停工时间和二次损伤,在严重损伤发生前,停止设备,降低了维修成本	趋势的形成需要一段时间,需要评估机器的状态

表 2 - 3 DBM 的优缺点

优 点	缺 点
最大化设备的可用性,减少二次损伤。在严重损伤发生前,停止设备	可以用人的感官来探测到故障时,故障的劣化过程已相当长了
能探测到种类繁多的故障状态,经济效益非常高	要求操作员具有相应的经验
能提前安排维修需要的材料和人员,从而减少非计划维修产生的加班成本	过程是主观的,很难制订精确的探测标准

表 2 - 4 failure finding 的优缺点

优 点	缺 点
适用和有效的 failure finding 可以防止多重故障或降低其风险	间隔过小,会增加成本
适用于包括非故障自动防护的保护装置	间隔过大,增加发生多重故障的风险

表 2 - 5 DOM 的优缺点

优 点	缺 点
对经常重复出现的问题能完全解决	费用很高,包括重新设计的费用、制造部件的费用、安装设备的费用,以及可能的生产停止损失的费用
对一个部件进行 DOM 未必意味着不再需要对部件维修了	改进工作可能会干扰设备其他部件的日常维修活动,并可能产生意外的问题
在一些情况下,小的设计修改很有效且费用低	对设备改进可能无法消除或缓解所要解决的问题

2.可靠性维修理论

基于可靠性理论,在设计阶段飞机系统和设备就被赋予了一定的可靠性。我们可用概率统计方法对随机故障、失效发生的概率进行分析和预计。通过统计学的方法,有效找出飞机的常见故障,对其产生原因进行分析并找出解决办法。实现以更低的运行成本、维修成本和保障成本保证飞机具有更高的可用性,大大提高飞机可靠性维修水平。

鱼骨图是一种发现问题"根本原因"的方法,也可以称之为"因果图",如图 2 - 1 所示。其特点是简洁实用、深入直观。它看上去有些像鱼骨,问题或缺陷(即后果)标在"鱼头"处。在"鱼骨"上长出"鱼刺",上面按出现机会的多少列出产生问题的可能原因,帮助说明各个原因是如何影响后果的。

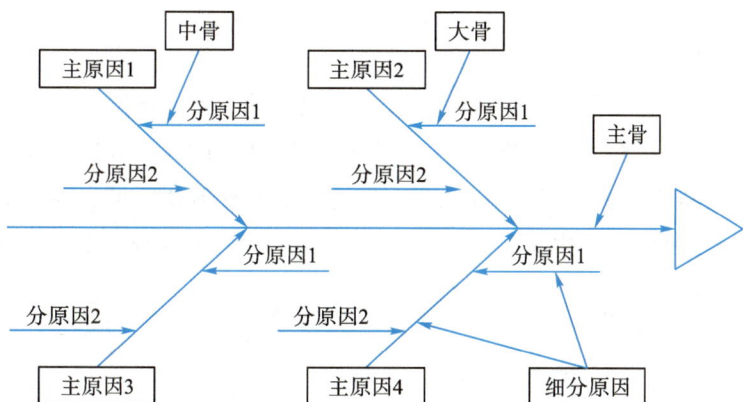

图 2-1 鱼骨图

频率直方图(frequency histogram)亦称频率分布直方图,是统计学中表示频率分布的图形。在直角坐标系中,用横轴表示随机变量的取值,横轴上的每个小区间对应一个组的组距,作为小矩形的底边。纵轴表示频率与组距的比值,作为小矩形的高,以这种小矩形构成的一组图称为频率直方图。

在直角坐标系中,横轴表示样本数据的连续可取数值,按数据的最小值和最大值把样本数据分为 m 组,使最大值和最小值落在开区间 (a,b) 内,a 略小于样本数据的最小值,b 略大于样本数据的最大值。组距为 $d=(b-a)/m$,各数据组的边界范围按左闭右开区间,如 $[a,a+d)$,$[a+d,a+2d)$,…,$[a+(m-1)\times d,b)$。纵轴表示频率除以组距(落在各组样本数据的个数称为频数,频数除以样本总个数为频率)的值,在直角坐标系上以频率和组距的商为高、组距为底的矩形组成的统计图叫做频率分布直方图。

各组频率之和的值为 1,在频率分布直方图中表现为所有矩形的面积之和等于 1。各组的平均频率密度是指组频率与组距的比值,是指该组内单位距离上的频率。以平均频率密度为纵坐标,取代频率分布直方图中的频率,所作的统计图称为平均频率密度直方图。平均频率密度直方图中所有矩形的面积之和等于 1。也就是平均频率密度直方图中所有矩形的顶边与直方图两边界边及横轴围成的图形的面积等于 1。当样本量不断增加而组距不断减小,每一组的平均频率密度就非常接近组中值处的频率密度,此时频率密度直方图的矩形顶边就非常接近一光滑曲线,该曲线就是频率密度函数曲线。

频率分布直方图能清楚显示各组频数分布情况又易于显示各组之间频数的差别。它主要是为了将我们获取的数据直观、形象地表示出来,让我们能够更好地了解数据的分布情况,因此其中组距、组数起关键作用。分组过少,数据就非常集中;分组过多,数据就非常分散。这两种情况都会掩盖分布的特征。当数据在 100 以内时,一般分 5~12 组为宜。

2.2 人为因素

飞机维护是确保飞机设备健康安全运转的关键,近些年,航空新技术、新材料的运用,使得飞机设备的可靠性与安全性大大提升,而人依旧是飞机维护的主力,新技术对飞机维护提出了新的要求,也导致飞机维护的人因失误开始增多,且产生严重不良后果。相关研究指出了现在人因失误所导致的飞机维护差错占比高达80%,如图2-2所示,因此针对飞机维护人因失误进行分析具有重要意义。

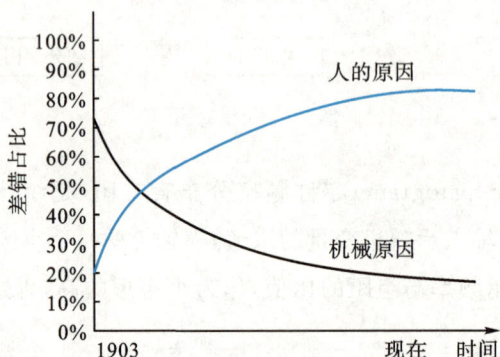

图2-2 影响飞机维护差错的原因

1. 人为因素对飞机维护影响

飞机维护人员是否出现人因失误,除个人自身的因素外,还要受到环境、管理、使用设备、其他人等因素的影响,即内因和外因,外部因素给予维护人员的是刺激,这种刺激使其做出错误的决策,并输出错误的行为动作,导致维护差错发生。根据此关系模型以及相关理论可将航空维护人因失误原因归结为三个方面。

其一,过负荷。所谓过负荷即人在某种状态下的承受能力与实际承担的负荷不匹配,其中负荷包括生理的、心理的负荷,即健康状态、精神状态等,而承受能力则主要包括业务素质、心理素质、身体承受能力等。

其二,决策错误。即某种情况下,人选择错误行为比选择正确行为要更为符合逻辑,具体原因有很多,比如同事的压力、上级的评价、个人的评价、个人性情和精神状况、个人思想意识等等,其中最核心的因素是意识、性情与精神。

其三,人机学。在人机系统工程理论中,人、机器和环境三个要素相互影响,相互作用,人因失误代表的是人与机器之间、人与环境之间的关系发生的偏差。比如飞机维护人员对飞机维护环境不满意、飞机维护人员对工作平台的适应性差等。

2. 人为因素分析——Reason 模型

1991年,英国的曼彻斯特大学的詹姆斯·理斯(James Reason)博士提出了航空事故理论模型即 Reason 模型。航空生产是有组织的系统活动,这些组织活动可以被划分为不同的层面,如图 2-3 所示。从系统的高度来看,各个层面的组织活动与事故的最终发生都有关系,当每个层面上都存在漏洞,不安全因素就像一个不间断的光源,刚好能透过所有这些漏洞时,事故就会发生。这些层面叠在一起,如同有孔的奶酪叠放在一起,因此 Reason 模型也被称为瑞士奶酪模型。

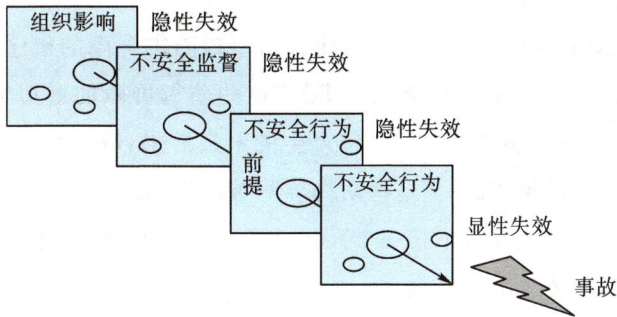

图 2-3　Reason 模型

不同层面的活动在时间、空间或逻辑上与事故的间隔有近有远。与事故在时间、空间或逻辑上间隔较近的活动对事故发生的影响是直接的、显性的,这些层面上的漏洞被称为显性失效。显性失效通常是由一线工作者造成的,如飞行员或维修人员无意识的疏忽大意、不恰当的处置或故意的违规等。显性失效在事故发生后很容易被确定,并可以马上采取有针对性的补救措施或给予惩罚警告。

Reason 模型的重要价值在于它揭示了事故的发生不仅仅与和事故直接相关的生产活动(显性失效)有关,还与离事故较远的其他层面的活动和人员有关,这些其他层面的缺陷和漏洞被称为隐性失效。隐性失效多为管理决策缺陷,这些缺陷或漏洞在过去已经存在,一直处于潜伏状态。系统中各个层面上不可避免地都会存在漏洞。从统计学的角度来讲,各个层面上的漏洞越多,不安全因素"光线"穿透整个系统各个层面而发生事故的概率就越高。由 Reason 模型启示,要最大限度地降低事故发生的概率,主要的途径有两种:一是减少每个层面上的缺陷或漏洞;二是增加防御层面。

在航空发展的历史上,人们曾片面地只认识到一线人员的差错(显性失效)对事故的影响,基于这种认识而采取的措施,主要是惩戒直接当事人,例如:维修人员因疏忽大意而将工具遗忘在发动机内,通过惩罚粗心的维修人员,给其他员工更大的压力使其更加警觉。这种做法确实具有一定的警戒作用,在一定程度上减少了维修人员的差错,降低了事故率,但这种措施只是减少了显性失效层面的漏洞。随着航空业的发展,人们发现,即使实行严格的惩戒制度,仍然有类似的疏忽、遗忘等差错不断发生,这促使航空界进行更深入的研究。人的疏忽、遗忘除了和人自身的生理、心理状况有关外,企业的管理也对其有着潜在的影响。若维修人员的疏忽大意主要是由不合理的倒班休息制度引起的疲劳造成的,不合理的倒班休息制度不改变,类似事故就还会多次重复发生。

更进一步的研究发现:不合理的维修人员倒班休息制度是由于维修人员短缺造成的,维修人员短缺是因为该企业维修人员的薪酬水平不具有同行业竞争力,使大量维修人员流失。此时,企业战略决策对事故的影响属于隐性失效。若要最大限度地降低事故率,必须挖掘类似的深层次漏洞,并修复它们,彻底地完善系统。

Reason 模型还强调了在系统内增加或强化人为差错防御屏障的概念,尤其是深层的防御屏障(如重复检查、飞行员起飞前的功能测试等)。这些防御屏障的增加将进一步降低不安全"光线"穿过系统的概率,进一步避免人为差错产生的不良后果,减少事故的发生。但增加了防御屏障并不表示可以完全杜绝事故,当这些防御屏障被削弱(漏洞增多)或突破的时候,人为差错将造成事故。事故发生时经常是不止一个人犯下了不止一个错误,而这些差错恰巧结合在一起,突破了差错防御屏障,才会危及安全。

3. 人为因素影响的管理策略

想要更好地减少人因失误,需要针对飞机维护工作中的人因失误进行充分的研究分析,探索人、机器、环境之间的关系。特别是要考虑人的能力、意识、心理素质等是否满足飞机维护工作要求,以及维护工作中的工作平台、管理程序等是否能够与人匹配。如果不匹配,可从如下几个方面来解决。

(1)建立培训机制提高素质。应构建长效培训机制,依托教育培训,提高生产技能,增强安全意识,适当疏导心理问题,确保工作人员能够在身心健康的状态参加工作。一线人员要接受技术技能培训、理论培训,管理人员要接受管理培训,在培训中结合实际案例予以警示。

(2)依托文化自觉规范行为。人出现失误是很正常的现象,但是飞机维护工作中一旦出现人因失误造成严重事故,后果严重。相关人员要在心理上重视,避免大意、盲目、麻痹等,牢记安全规范,这是一种需要坚守的态度。低级失误的出现往往是因为人放松了警惕。一些工作人员明知自己的行为是违规行为,但还是经常做,因为问题还未出现,而存有侥幸心理,最终往往酿成悲剧。所以要在文化上发力,通过安全文化引领每一位工作人员规范自己的行为,拒绝不安全行为。

(3)设置管理屏障控制行为。承认人会出错,才能进行卓有成效的管理,否则不论管理体系如何,都可能停留在表面。人的决策表现不确定,人的行为也不确定,但这种不确定是可以预测并且可以被管理的,通过组织管理来控制人的行为,要求严格执行培训教育、运行规程、管理条例和监管要求,特别是在运行规程、管理条例完善的情况下,必须加强监管,监管人员必须有铁一般的面孔,严格就是关爱。

工作任务

A 检或以上工作范围的航空器定期检修

任务情境

定期检修是按照飞机维修计划,根据适航性资料,在航空器或航空器部件使用达到一定时限后进行的检查和修理。通过检查、测试,确定飞机系统或部件的技术状态是否达到要求,进而执行翻修或更换处理。

任务描述

定期对飞机开展 A 检,完成航空器计划检修工作与航线计划检修工作。

任务分析及执行

1. 接收检查

飞机到场后,由生产人员和维修人员完成接收和检查任务,主要检查飞机外表状态并填写飞机进场检查单。

2. 工作指令确认

由生产控制人员确认飞机状态、构型及需要完成的维修任务。

3. 初始检验(初检)

检验人员进行初步的检验,主要是确认和记录故障、缺陷和损伤的状态,并针对确定需要处理的故障、缺陷或损伤开具非例行工卡进行下一步的处理。需要说明的是,在开具非例行工卡过程中,要遵照航空运行人工作程序的要求编制工卡步骤,对需要检验的项目进行标注。

4. 隐蔽损伤检验

根据初始检验的结论,对隐蔽损伤进行检验,此工作需在非例行工卡上签字记录,视情况进一步开具非例行工卡。

5. 过程检验

无论是例行工卡(计划维修)还是非例行工卡(非计划维修),对于需要检验的项目,按规定的检验标准进行检验并签字记录。

6. 最终检验（终检）

针对所有例行工卡和非例行工卡，对每一单独维修任务完成情况进行检验，确保符合维修资料和工卡要求，没有错漏情况发生，并签字记录。以上各类检验过程需由维修单位授权的检验员或者高级别维修人员完成。

7. 维修放行

放行是由维修单位质量人员和生产控制人员共同完成的工作步骤，包括保留项目。主要确认整个维修工作符合航空运行人合同（工作指令）、工作程序和维修单位程序的要求。对于部分计划性维修任务（例行工作），如果因器材、工具、设备等原因无法完成，需按航空运行人的工作程序进行保留工作项目申办，通常情况下，不允许非计划维修任务（非例行工作）确定的故障、缺陷和损伤未排除的情况下放行飞机，如果必须放行，则需在维修放行证明上标注，转由航空运行人对故障、缺陷和损伤进行跟踪。所有定检工卡任务回收后，维修放行人员应当完成以下工作后方可签署维修放行证明文件。

（1）逐一与定检工作包核对，确认工作的完整性。

（2）核实所有已发现缺陷或者不正常情况均已准确记录并按机型相应技术文件的标准完成处理，包括推迟维修项目。

（3）核实所有更换件的文件，确认完整并符合合格航材的要求。

（4）统计实际人工时与计划人工时偏差，确认所有偏差均已经核实或者调查无误。

（5）统计消耗材料、零部件使用记录，确认在常规消耗范围。

（6）确认定检团队所有工具完成清点、现场保存工具恢复保存、借用工具全部归还。

上述事项应当以定检工作总结的方式完整记录，并经质量监督员、专业工程师共同确认。

上述事项中（1）（2）（3）项的信息应当随同维修放行证明文件一同提交送修人。

8. 记录和报告

完成维修放行后，项目经理应当及时整理维修记录，包括交付送修人的记录和本单位需要保存的记录，并将本单位保存的记录移交维修记录和档案管理部门。维修记录和档案管理部门应当根据移交的定检记录及时更新单机档案。

以上所有例行卡、非例行卡、可能执行的重要修理和重要改装记录、保留工作项目审批表、更换件清单、更换部件的合格证件、维修放行证明，以及航空运行人或维修单位规定的其他维修资料或记录，都需包含在一个工作包中保存。

对于定检维修过程中发现的被中国民用航空局定义为缺陷和不适航报告范围的故障、缺陷和损伤，需根据适航规章和航空运行人的双重要求进行报告。

课后 进阶

1.分析考虑人为因素影响的管理策略。

2.分析飞机维护的基本理论。

阅读 材料

刘宇辉:为飞机智慧维修提出"中国方案"

飞机维护常用工具量具使用

目标 点击

● **技术目标**

1. 掌握常用工具、量具的名称和使用方法。

2. 掌握常用测量设备的名称和使用方法。

● **能力目标**

1. 能够正确使用常用的工具。

2. 能够正确使用常用的量具。

3. 能够正确使用常用的测量设备。

● **思政目标**

1. 培养严谨的工作态度和分析问题、解决问题的能力。

2. 尊重生命,热爱劳动,具有社会责任感和社会参与意识。

3. 勇于奋斗,乐观向上,有较强的集体意识和团队合作精神。

情景 导入

飞机维护工作离不开工具和量具。工具和量具的使用和管理在飞机维护工作中非常重要。对工具、量具的正确规范使用,是保证飞机维护工作质量、工作效率及人员安全的前提。本项目主要介绍飞机维护中的常用工具、量具的名称、功能、使用方法及注意事项等基本知识。

知识 导航

3.1 常用工具

飞机维护工作常用的工具有解刀、扳手、钳子、锤子、锉刀等。

1. 解刀

解刀又称为螺丝刀、改锥、起子,主要用于拆装螺钉,是飞机的日常维护中应用最广泛的工具。解刀种类很多，一般可按刀口形状分为一字解刀和十字解刀。

1)一字解刀

一字解刀又称一字螺丝刀，用于拆装带有"一"字形槽口的螺钉紧固件，如图 3 - 1 所示。

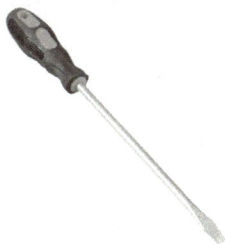

图 3 - 1　一字解刀

选用一字解刀时，应保证解刀刀口的刃宽不小于螺钉头上槽口长度的 75%。刃口应锋利，与槽口两侧平行，且能插到槽的底部，否则将会损坏螺钉槽口，以至损坏螺钉。

在拧动一字解刀时，要先适当用力顶住手柄慢慢拧动，等螺钉松动以后，才可较快地转动手柄，否则也会破坏螺钉槽口及螺钉。

对于单靠个人的腕力不能完成的螺钉的拆装，可选用正方形刀杆的螺丝刀，在方杆上借助工具帮助旋转。

2)十字解刀

十字解刀又称十字螺丝刀，用于拆装带有"十"字形槽口的螺钉紧固件，如图 3 - 2 所示。

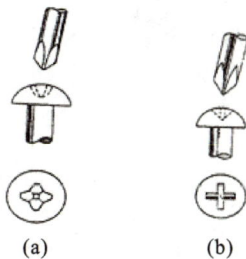

(a)　　　　　(b)

图 3 - 2　十字解刀

一种十字螺钉钉头的十字槽为双锥形，且两侧不平行。对应的十字解刀的刃较短，可插入较平的孔底[图 3 - 2(a)]。

一种十字螺钉钉头的十字槽两侧较直，"十"字形状规范，槽宽比同规格的十字螺钉窄，呈单锥状。对应的十字解刀的刃较长且较尖，称作尖十字解刀[图 3 - 2(b)]。

维修人员应注意区分螺钉紧固件上"十"字槽型的不同，从而选择与之相符的十字解刀。如用错解刀会损坏刀头和螺钉。

3) 棘轮解刀

棘轮解刀是一种手动快速解刀,如图 3-3 所示。可以更换刀头,使用时可以通过推拉手柄使旋转轴旋转,通过手柄的旋转开关选择旋转方向以拆装螺钉。注意使用时不要超出其工作负荷,以防止损坏。

图 3-3　棘轮解刀

4) 气动解刀

气动解刀是用于拆装螺钉的气动工具,如图 3-4 所示。在大量维修工作或批量紧固件操作中采用。枪体在使用过程中提供旋转动力,从而带动与之配合的解刀头转动,在操作人员给予一定的压力下完成拆装工作。

图 3-4　气动解刀

5) 偏置解刀

偏置解刀,如图 3-5 所示,在垂直空间受到限制时使用。其两端头与杆身成 90°,两刀口互相垂直。

图 3-5　偏置解刀

6）解刀使用注意事项

（1）正确选择解刀规格。应根据旋紧或松开的螺钉头部的槽宽和槽形选用适当的解刀。不能用较小的解刀去旋拧较大的螺钉。

（2）保持刀口形状完好和刃口锋利。螺丝刀的刀口损坏、变钝时应及时修磨，使用砂轮修磨时要用水冷却，无法修理的螺丝刀，如刀口损坏严重、变形、把柄裂开或损坏等应报废。

（3）小心上手。不要用螺丝刀旋紧或松开握在手中的工件上的螺钉，应将工件夹固在夹具内，以防伤人。

（4）不可以作为錾子和撬棍使用。不可用锤击螺丝刀手柄端部的方法撬开缝隙或剔除金属毛刺及其他的物体。

（5）使用时保持一定压力。使用时应用适当的压力压紧，以防止螺丝刀刃口从槽中滑出损伤周围的结构。

2. 扳手

扳手主要是用于旋紧六角形、正方形螺钉和各种螺母的工具。扳手上刻有标号，表示扳手口的宽度。选用扳手时，要使扳手口宽度与螺帽的尺寸相符。以免破坏螺帽的形状。扳手一般采用工具钢、合金钢或可锻铸铁制成，是飞机维修中常用的工具。常用的扳手有开口扳手、梅花扳手、套筒扳手、组合扳手、活动扳手和力矩扳手等。活动扳手容易造成螺栓、螺帽头的损坏，因此不允许被用于飞机维护。

1）开口扳手

在扳手的两端开有平行张开的用于螺栓螺帽配合的扳手口，开口通常与手柄形成15°角，如图3-6所示。这样的设计便于在有限的地方旋转拆装螺栓。也有30°、60°角的开口。

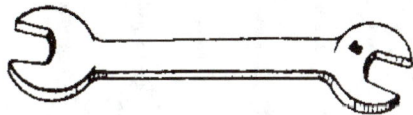

图3-6　开口扳手

2）梅花扳手

梅花扳手俗称圆框扳手，对于固定较紧的螺帽，即使使用最好的开口扳手也可能会出现滑动，损坏螺帽的外形，给拆装造成麻烦。

梅花扳手在其圆框的内圈有6或12个角，旋转时增加了与螺帽六个角的接触点，使力的分布更均匀，如图3-7所示。

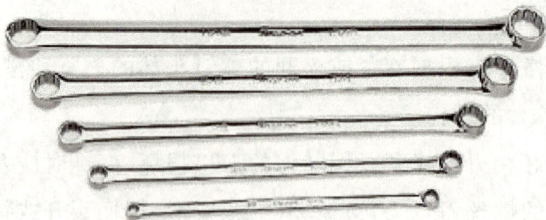

图 3-7　梅花扳手

螺帽拧松后,若继续使用梅花扳手,很多时间都要花费在使环圈从螺帽上取下—换向—套上的枯燥工作。此时用开口扳手比梅花扳手有更大的优越性。

3)套筒扳手

套筒扳手由套筒、手柄和接杆等多种附件组成。套筒一端内有六角或十二角卡口与螺帽配合,另一端为正方形的开口供安装手柄。套筒扳手特别适用于旋转所在位置十分狭小或处于凹陷深处的螺栓或螺母。

4)组合扳手

组合扳手是由开口扳手和梅花扳手结合而成的工具,如图 3-8 所示,具有两种扳手的优点,使用起来更加利于工作。

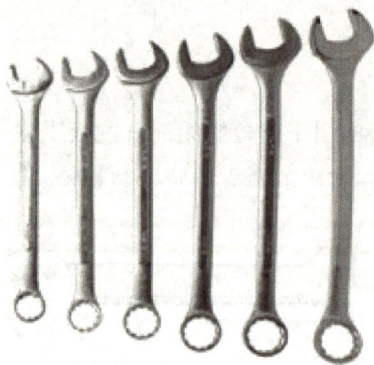

图 3-8　组合扳手

5)力矩扳手

力矩扳手又叫扭矩扳手、扭力扳手,如图 3-9 所示。飞机维护中使用的力矩扳手按使用目的可分为测力式和限力式两种。测力式力矩扳手可以得到实时的力矩值,限力式力矩扳手仅在力矩值达到预调值时给出指示或限制扳手继续运动。

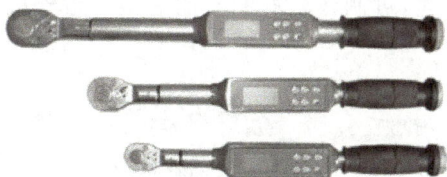

图 3-9　力矩扳手

6)管螺帽扳手

管螺帽扳手用于拆装飞机系统管路上的螺帽组件,如图 3-10 所示。

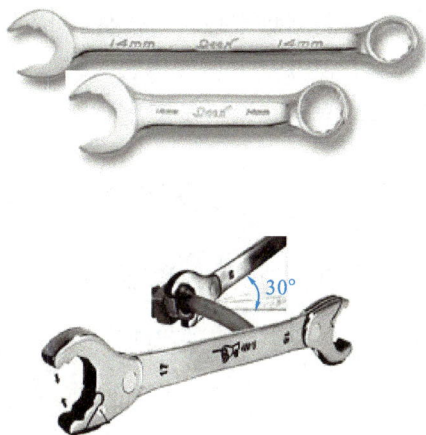

图 3-10　管螺帽扳手

7)扳手使用注意事项

(1)使用时应根据螺钉、螺母的形状、规格及工作条件选用规格合适的扳手去操作,以防滑脱伤手。

(2)扳手手柄不可以任意接长,不应将扳手当锤击工具使用。

(3)使用扳手时应使扳手开口与被旋拧件配合好后再用力,如果接触不好时就用力容易滑脱,使作业者身体失衡。

(4)发现扳手、套筒及扳手柄变形或有裂纹时,应停止使用。

(5)要注意随时清除套筒内的尘垢和油污。

3.钳子

钳子,是一种用于夹持、固定加工工件或者扭转、弯曲、剪断金属丝线的手工工具。一般是用碳素结构的钢材制造。

1)平口钳

平口钳又名老虎钳,它的钳口较厚,钳前端平直,如图 3-11 所示。平直的钳口有较大的深度可用于凸缘弯边,且咬合齐整,可制作较好的弯曲造型。钳子根部有剪切刃,可用于剪切铁丝等。

图 3 - 11　平口钳

2)鱼口钳

鱼口钳又称鲤鱼钳,是维修中常用的夹持工具,如图 3 - 12 所示。钳长有 150~200 mm 不同尺寸,在其铰接点部位有一个双孔槽,通过滑动支点在双孔中的位置,可以改变夹持物件的范围。同样可以利用其根部剪切铁丝。但维修中切勿用它夹持或拆装螺栓,尤其不能用于铝、铜螺帽的拆装,否则将破坏螺帽的外形,导致正常扳手不能使用。

图 3 - 12　鱼口钳

3)剪线钳

剪线钳又称为斜口钳,是短钳口的剪切工具,如图 3 - 13 所示,钳口有一个小角度形成刀刃,可用于剪切金属丝、铆钉、开口销,是拆卸、安装保险丝的重要工具之一。

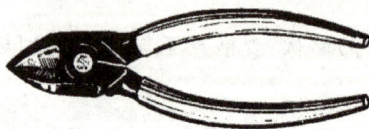

图 3 - 13　剪线钳

4)尖嘴钳

尖嘴钳可夹持小物体,及在狭小空间中进行操作,如图 3 - 14 所示,常用于附件紧密处的操作和夹持小物体、拧结保险丝等。

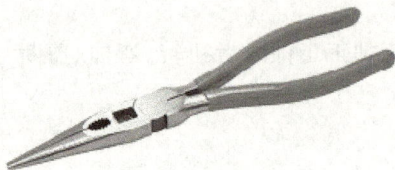

图 3 - 14　尖嘴钳

5）卡簧钳

卡簧钳是一种用来安装和拆卸内簧环和外簧环的专用工具,如图3-15所示。钳头可采用内直、外直、内弯、外弯等形式。卡簧钳分为外卡簧钳和内卡簧钳两大类,外卡簧钳用于将卡簧张开使其装于轴上,内卡簧钳用于将卡簧收缩使其进入圆孔。

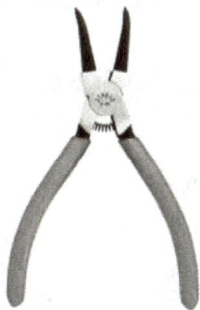

图3-15　卡簧钳

6）保险丝钳

保险丝钳集夹持钳、斜口钳、旋转手柄于一体,如图3-16所示。使用保险丝钳时,首先在已固定好一端的保险丝上确定所需编结的保险丝长度,然后用钳口夹住另一端并用锁紧机构锁紧。用手抓住钳子尾部的旋转钮,向后拉动,即可使保险丝编结。编结的密度取决于拉动的次数。保险丝另一端固定后,可用它的刃口剪去多余的保险丝。

图3-16　保险丝钳

7）鹰嘴钳

鹰嘴钳的钳口与钳柄呈一定角度,其铰接点可以滑动调节钳口可夹持范围。鹰嘴钳夹持力较大,可以夹住密封螺帽、管子和异形零件。

8）钳子使用注意事项

(1)不要使钳子超出它们的能力。长钳口特别脆弱,容易产生崩裂、折断或造成边缘缺损。

(2)不要用钳子拧螺帽,钳子的夹持会破坏螺帽的外形。

4. 锤子

锤子是主要的击打工具。由锤头和锤柄组成,根据用途不同可分为:圆头锤、横锤、直锤及软锤等。

　　圆头锤是一端是平头,另一端是球形头,如图 3-17 所示。球形头端用于锤击较硬的金属部件。横锤和直锤,一端用于横向或纵向楔形,另一端是平头,如图 3-18 所示。软锤所用材料通常有铜、铝、木料、橡胶等。

图 3-17　圆头锤

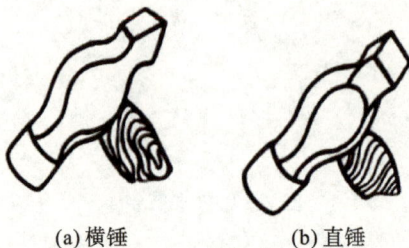

(a)横锤　　　　　(b)直锤

图 3-18　横锤和直锤

　　手锤的握法有紧握法和松握法两种。紧握法:用手的食指、中指、无名指和小拇指紧握锤柄,柄尾伸出 15~30 mm,大拇指贴在食指上,在挥锤及锤击时保持不变。松握法:只有大拇指和食指始终紧握,锤击时其他手指依次握紧,挥锤时以相反次序放松。

　　挥锤方法有手挥、肘挥和臂挥 3 种。手挥:只有手腕运动,捶击力小。在需要较小的击打力时可采用手挥法。肘挥:手腕和肘一起动作,捶击力较大,运用广泛。臂挥:手腕、肘和全臂一起运动,捶击力较大,应用较少。在需要较强的击打力时,宜采用臂挥法。采用臂挥法时应注意锤头的运动弧线。

　　锤子使用注意事项:根据工作对象选择相应材料的锤头。敲击时,应使锤头的端面始终垂直于所敲击的工件。始终保持锤头的表面光滑、无污垢,以免损伤工件。

5. 锉刀

　　锉刀是锉削所使用的工具,它由碳素工具钢制成,并经淬火处理。锉刀可以按断面形状、工作长度、锉齿数、齿纹进行分类。

　　按照断面形状可分为平锉、半圆锉、三角锉、圆锉、什锦锉(锉纹很细)等,如图 3-19 所示。按照工作长度可分为 100 mm、150 mm、200 mm、300 mm 等,最常用的是 300 mm 的锉刀。

图 3-19　不同截面形状的锉刀

按照其刃上每 10 mm 长的锉面上锉齿的齿数,分为粗齿锉(4～12 齿)、中齿锉(13～23 齿)、细齿锉(30～40 齿)和油光锉(50～62 齿)。

按照齿纹可分为单齿纹锉和双齿纹锉。单齿纹锉是单切削刃只有一个方向的锉纹的锉刀,适用于锉削铝、镁等软金属,不易堵塞,锉出的表面比较光洁。双齿纹锉是有两个方向的齿纹的锉刀,浅的为先加工的底齿纹(45°),深的为前齿纹或盖齿纹(65°)。锉削面光滑,易于排削,切削省力。

使用锉刀的注意事项:

(1)按照加工表面的大小、形状、材料和加工要求正确选择锉刀。

(2)锉刀的切削应在前推中进行。

(3)使用的锉刀必须安装手柄。

(4)保持锉刀分开放在架子上,彼此不相碰,若置于工具箱中,应用专用袋子或纸包好,避免相互摩擦损坏刃口。

(5)保持锉刀的干燥,生锈腐蚀将损坏锉刀。

(6)保持锉刀的清洁,使用中应及时使用专用钢丝刷去除刃中的金属屑。

3.2　常用量具

1. 钢直尺

钢直尺是最简单的长度量具,它的长度有 150 mm、300 mm、500 mm 和 1000 mm 四种规格。图 3-20 是常用的 150 mm 钢直尺。

图 3-20　150mm 钢直尺

钢直尺用于测量零件的长度尺寸(图 3-21),由于钢直尺的刻线间距为 1 mm,而刻线本身的宽度有 0.1～0.2 mm,所以使用钢直尺测量读数误差比较大,比 1 mm 小的数值只能估算得出,不太准确。

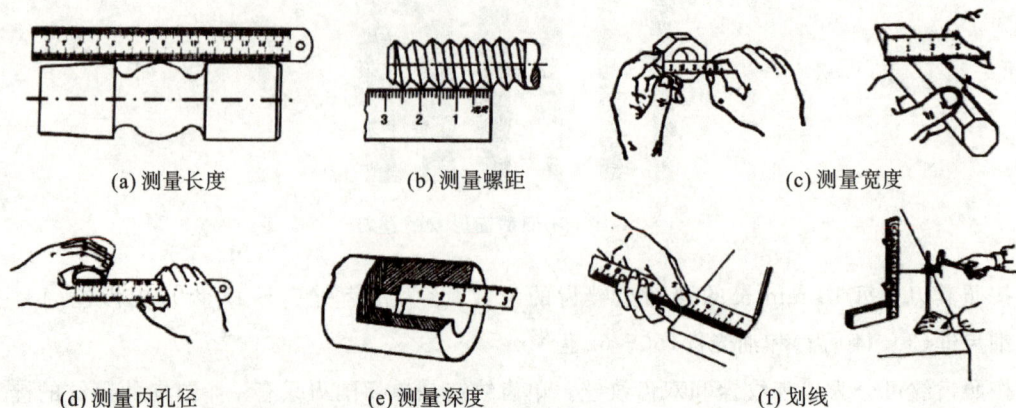

(a) 测量长度   (b) 测量螺距   (c) 测量宽度

(d) 测量内孔径   (e) 测量深度   (f) 划线

图 3-21 钢直尺的使用

2. 塞尺

塞尺又称为间隙片、厚薄规或千分垫。主要用来检验车床特别紧固面和紧固面、活塞与气缸、活塞环槽和活塞环、十字滑板和导板等两个结合面之间的间隙大小。塞尺是由许多层厚薄不同的薄钢片组成(图 3-22),每个薄钢片都有厚度标记,以供结合使用。测量时,根据接合面间隙的大小,可以用一片或数片薄钢片重叠在一起塞进间隙内。例如用 0.05 mm 的塞尺能插入间隙,而用 0.06 mm 的塞尺不能插入,说明该间隙在 0.05～0.06 mm 之间,所以塞尺也是一种界限量规。

图 3-22 塞尺

使用塞尺的注意事项有以下几点:

(1)使用过程中用力不能太大,以免塞片弯曲和折断。

(2)根据结合面间隙选用合适的塞片,选用过程使用的塞片越少越好。

(3)不能使用塞尺测量温度过高的工件。

(4)塞尺使用后在每片塞片上涂一层油,以免锈蚀。

3.游标卡尺

应用游标读数原理的量具有很多,如长度游标卡尺、高度游标卡尺、深度游标卡尺、游标量角尺等,这些量具主要用于测量零件的长度、宽度、内径、外径、高度、深度等。

游标卡尺是一种结构简单、使用方便、精度适中的量具,一般由主尺和副尺组成,读数为主尺和副尺两部分之和。具体结构如图 3-23 所示,主要由尺身、尺框、量爪、紧固螺钉、深度杆、游标尺等组成。

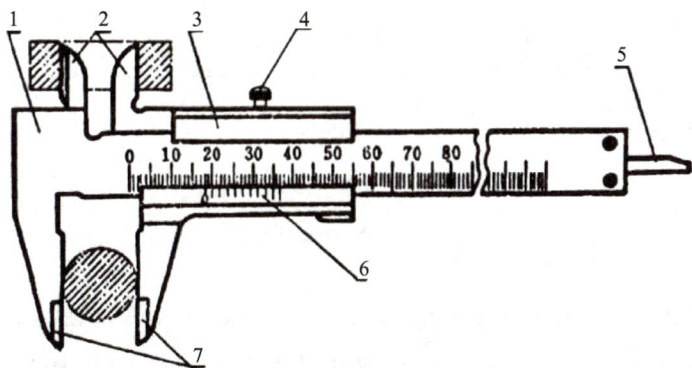

1—尺身;2—上量爪;3—尺框;4—紧固螺钉;5—深度杆;6—游标尺;7—下量爪。

图 3-23 游标卡尺结构

游标卡尺的读数机构由主尺和游标尺两部分构成。当活动量爪与固定量爪贴合时,游标上"0"刻线(简称游标零线)对准主尺上的"0"刻线,此时量爪间距离为0,当尺框向右移动到某一位置时,固定量爪与活动量爪之间的距离,就是零件的测量尺寸。此时零件尺寸的整数部分可在游标零线左边的主尺刻线上读出来,而比 1 mm 小的小数部分,可借助游标读数机构来读出,三种游标卡尺的读数原理和读数方法介绍如下。

1)游标读数值为 0.1 mm 的游标卡尺

如图 3-24(a)所示,主尺刻线间距(每格)为 1 mm,当游标零线与主尺零线对准(两爪合并)时,游标上的第 10 刻线正好指向主尺上的 9 mm,而游标上的其他刻线都不会与主尺上任何一条刻线对准。

$$游标每格间距 = 9 \text{ mm} \div 10 = 0.9 \text{ mm}$$

$$主尺每格间距与游标每格间距相差 = 1 \text{ mm} - 0.9 \text{ mm} = 0.1 \text{ mm}$$

0.1 mm 即为此游标卡尺上游标所读出的最小数值,再也不能读出比 0.1 mm 小的数值。

当游标向右移动 0.1 mm 时,游标零线后的第 1 根刻线与主尺刻线对准。当游标向右移动 0.2 mm 时,游标零线后的第 2 根刻线与主尺刻线对准,依次类推。若游标向右移动 0.5 mm,如

图 3-24(b)所示,则游标上的第 5 根刻线与主尺刻线对准。由此可知,游标向右移动不足 1 mm 的距离,虽不能直接从主尺读出,但可以由游标的某一根刻线与主尺刻线对准时,该游标刻线的次序数乘其读数值而读出其小数值。例如,图 3-24(b)的尺寸即为:5×0.1 mm$=0.5$ mm。

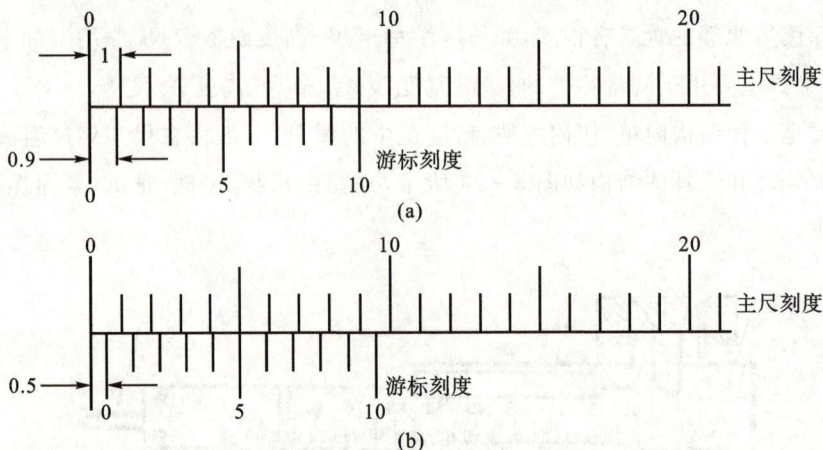

图 3-24　游标读数原理

另有 1 种读数值为 0.1 mm 的游标卡尺,如图 3-25(a)所示,是将游标上的 10 格对准主尺的 19 mm,则游标每格$=19$ mm$\div 10=1.9$ mm,使主尺 2 格与游标 1 格相差 2 mm-1.9 mm$=0.1$ mm。这种增大游标间距的方法,其读数原理并未改变,但使游标线条清晰,更容易看准读数。

在游标卡尺上读数时,首先要看游标零线的左边,读出主尺上尺寸的整数是多少,其次是找出游标上第几根刻线与主尺刻线对准,将该游标刻线的次序数与其游标读数值相乘,读出尺寸的小数,整数和小数相加的总值,就是被测零件尺寸的数值。

在图 3-25(b)中,游标零线在 2~3 mm 之间,其左边的主尺刻线是 2mm,所以被测尺寸的整数部分是 2 mm。再观察游标刻线,这时游标上的第 3 根刻线与主尺刻线对准。所以,被测尺寸的小数部分为 3 mm$\times 0.1=0.3$ mm,被测尺寸即为 2 mm$+0.3$ mm$=2.3$ mm。

2)游标读数值为 0.05 mm 的游标卡尺

如图 3-25(c)所示,主尺每小格为 1 mm,当两爪合并时,游标上的 20 格刚好等于主尺的 39 mm,则游标每格间距$=39$ mm$\div 20=1.95$ mm。

主尺 2 格间距与游标 1 格间距相差 2 mm-1.95 mm$=0.05$ mm。

0.05 mm 即为此种游标卡尺的最小读数值。同理,也可以用游标上的 20 格刚好等于主尺上的 19 mm,其读数原理不变。

在图 3-25(d)中,游标零线在 32 mm 与 33 mm 之间,游标上的第 11 格刻线与主尺刻线对准。所以,被测尺寸的整数部分为 32 mm,小数部分为 11 mm$\times 0.05=0.55$ mm,被测尺寸为 32 mm$+0.55$ mm$=32.55$ mm。

3)游标读数值为 0.02 mm 的游标卡尺

图 3-25(e)所示,主尺每小格为 1 mm,当两爪合并时,游标上的 50 格刚好等于主尺上的 49 mm,则游标每格间距为 49 mm÷50=0.98 mm,主尺每格间距与游标每格间距相差 1 mm-0.98 mm=0.02 mm。

0.02 mm 即为此种游标卡尺的最小读数值。在图 3-25(f)中,游标零线在 123 mm 与 124 mm 之间,游标上的 11 格刻线与主尺刻线对准。所以,被测尺寸的整数部分为 123 mm,小数部分为 11 mm×0.02=0.22 mm,被测尺寸为 123 mm+0.22 mm=123.22 mm。

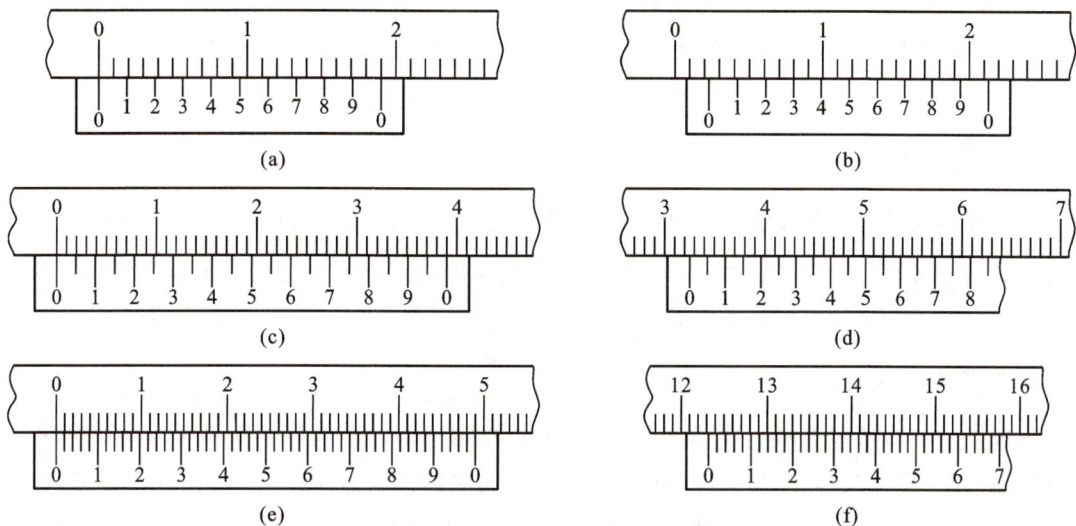

图 3-25　游标零位和读数举例

一般我们可以直接从游标尺上读出尺寸的小数部分,而不需要通过上述的计算。

使用游标卡尺测量零件尺寸时,必须注意以下几点。

(1)测量前应把卡尺擦干净,检查卡尺的两个测量面和测量刃口是否平直无损。两个量爪紧密贴合时,应无明显的间隙,同时游标和主尺的零位刻线要相互对准。这个过程称为校对游标卡尺的零位。

(2)移动尺框时,活动要自如,不应过松或过紧,更不能有晃动现象。用固定螺钉固定尺框时,卡尺的读数不应有所改变。在移动尺框时,不要忘记松开固定螺钉,亦不宜过松以免掉了。

(3)当测量零件外尺寸时,卡尺的测量连线应垂直于被测量表面,不能歪斜。测量时,可以轻轻摇动卡尺,调整至垂直位置。

(4)当测量零件的内尺寸时,要使量爪分开的距离小于所测内尺寸,进入零件内孔后,再慢慢张开并轻轻接触零件内表面,用固定螺钉固定尺框后,轻轻取出卡尺来读数。取出量爪时,用力要均匀,并使卡尺沿着孔的中心线方向滑出,不可歪斜,以免使量爪扭伤、变形和受到不必要的磨损,或使尺框移动,影响测量精度。

（5）用下量爪的外测量面测量内尺寸，在读取测量结果时，一定要把量爪的厚度加上去。即游标卡尺上的读数，加上量爪的厚度，才是被测零件的内尺寸。

（6）用游标卡尺测量零件时，不允许过分地施加压力，所用压力应使两个量爪刚好接触零件表面。如测量压力过大，不但会使量爪弯曲或磨损，而且会使量爪在压力作用下产生弹性变形，导致测量得出的尺寸不准确（外尺寸小于实际尺寸，内尺寸大于实际尺寸）。

（7）在游标卡尺上读数时，应保持卡尺水平，朝着亮光的方向，人的视线尽可能和卡尺的刻线表面垂直，以免由于视线的歪斜造成读数误差。

（8）为了获得正确的测量结果，可以多测量几次。即在零件的同一截面上的不同方向进行测量。对于较长的零件，则应当在全长的各个部位进行测量，从而获得一个比较正确的测量结果。

4. 百分尺和千分尺

应用螺旋测微原理制成的量具，称为螺旋测微量具。它们的测量精度比游标卡尺高，并且测量方式比较灵活，因此，多被用于测量加工精度要求较高零件。常用的螺旋读数量具有百分尺和千分尺。百分尺的读数最小值为 0.01 mm，千分尺的读数最小值为 0.001 mm。

1）外径百分尺

各种百分尺的结构大同小异，常用于测量或检验零件的外径、凸肩厚度以及板厚或壁厚等。百分尺由尺架、测微头、测力装置等组成。图 3-26 是测量范围为 0～25 mm 的外径百分尺。尺架 1 的一端装着固定测砧 2，另一端装着测微头。固定测砧和测微头的测量面上都镶有硬质合金，以提高测量面的使用寿命。使用百分尺时，手应放在绝热板上，防止人体的热量影响百分尺的测量精度。

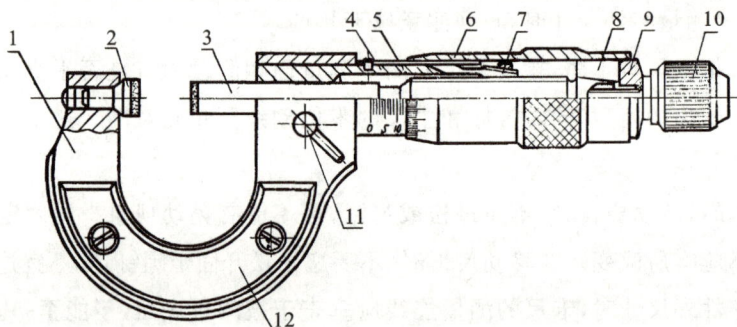

1—尺架；2—固定测砧；3—测微螺杆；4—螺纹轴套；5—固定刻度套筒；6—微分筒；
7—调节螺母；8—接头；9—垫片；10—测力装置；11—锁紧螺钉；12—绝热板。

图 3-26　0～25 mm 外径百分尺

在百分尺的固定刻度套筒上刻有轴向中线，作为微分筒读数的基准线。另外，为了计算测微螺杆旋转的整数转，在固定套筒中线的两侧，刻有两排刻线，刻线间距均为 1 mm，上下两排互错开 0.5 mm。

百分尺的具体读数方法可分为以下三步。

(1)读出固定套筒上露出的刻线尺寸,一定要注意不能遗漏应读出的 0.5 mm 的刻线值。

(2)读出微分筒上的尺寸,要看清微分筒圆周上哪一格与固定套筒的中线基准对齐,再将格数乘以 0.01 mm 即可得出微分筒上的尺寸。

(3)将上面两个数相加,即为百分尺测得的尺寸。

如图 3-27(a)所示,在固定套筒上读出的尺寸为 8 mm,微分筒上读出的尺寸为 27(格)× 0.01 mm＝0.27 mm,两数相加即可得出被测零件的尺寸为 8.27 mm。如图 3-27(b)所示,在固定套筒上读出的尺寸为 8.5 mm,在微分筒读出的尺寸为 27(格)×0.01 mm＝0.27 mm,两数相加即得被测零件的尺寸为 8.77 mm。

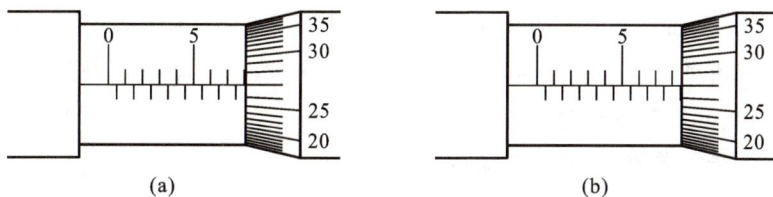

图 3-27 百分尺的读数

2)千分尺

千分尺的可动零件是测微套筒和测量轴。测微套筒和测量轴固定在一起,当测微套筒在圆筒上转动时,测量轴随之转动并向左或向右移动。测量轴和砧座之间的开度为被测工件尺寸。千分尺圆筒上的刻度区称为主尺部分,测微套筒上的刻度区称为副尺部分。千分尺根据其功能可分为外径千分尺、内径千分尺和深度千分尺。

公制千分尺轴杆右端螺纹的螺距为 0.5 mm。活动套管每转一周,主尺就轴向移动 0.5 mm。固定套管上刻有刻度线,在活动套管圆周上等分刻有 50 格刻线,因此,当活动套管转过一格时,主尺就移动 0.5 mm÷50＝0.01 mm,如图 3-28 所示。

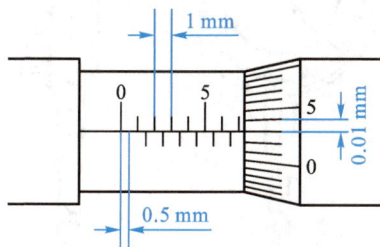

图 3-28 千分尺的读数

千分尺的使用方法如下：

(1)用单手使用外径千分尺时,可用大拇指和食指捏住活动套管,小指勾住尺架并压向手心,使固定测砧和测微头紧贴被测部件。

(2)读出主尺上可见的格数 a。读出活动套管上与主尺上基准线对齐的数值 b。测量工件的尺寸为 C。$C=a\times0.5+b\times0.01$。

使用千分尺的注意事项如下：

(1)检查量具有无检验合格证和产品合格证。

(2)根据被测量件的尺寸大小,选择合适尺寸规格的千分尺。

(3)使用前应校准尺寸。对于 $0\sim25$ mm 规格的千分尺,应将两测量面接触,看活动套管上的零线是否与固定套管上的基准线对齐。如果没有对齐,应进行调整使之对齐。对于 $25\sim50$ mm 规格以上的千分尺,则用量具盒内的标准样棒来校准。

(4)千分尺的测量面和工件被测量面都应保持清洁,不能用千分尺测量毛坯面。

(5)测量时,先转动活动套管。当测量面接近工件时,改用转动棘轮,使测量面与被测工件接触,直到棘轮发出几声吱吱声为止。

(6)测量时,千分尺要放正,要注意温度的影响。

5. 百分表和千分表

百分表和千分表都是用来校正零件或夹具的安装位置以及检验零件的形状精度或相互位置精度的量具。它们的结构原理相似,千分表的读数精度比较高,读数最小值为 0.001 mm,而百分表的读数最小值为 0.01 mm。下面以百分表为例进行介绍。

百分表的外形如图 3-29 所示。表盘上刻有 100 个等分格,其刻度值为 0.01 mm。当指针转一圈时,小指针即转动一小格,转数指示盘的刻度值为 1 mm。测量杆沿着套筒上下移动,用手转动表圈时,表盘也跟着转动,可使指针对准任一刻线。

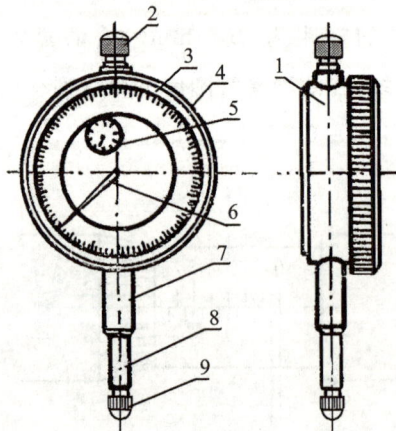

1—表体；2—挡帽；3—表盘；4—表圈；5—转数指示盘；6—指针；7—套筒；8—测量杆；9—测量头。

图 3-29　百分表

百分表适用于尺寸精度为 IT6~IT8 级零件的校正和检验,千分表则适用于尺寸精度为 IT5~IT7 级零件的校正和检验。百分表和千分表按其制造精度,可分为 0 级、1 级和 2 级三种, 0 级精度较高。使用时,应按照零件的形状和精度要求,选用合适精度等级和测量范围的百分表或千分表。

使用百分表和千分表时,必须注意以下几点。

(1)使用前,应检查测量杆活动的灵活性。轻轻推动测量杆,测量杆在套筒内的移动要灵活,没有任何轧卡现象,且每次放松后,指针能恢复到原来的刻度位置。

(2)使用百分表或千分表时,必须把它固定在可靠的夹持架上,夹持架要安放平稳,以免造成测量结果不准确或摔坏百分表。用夹持百分表的套筒来固定百分表时,夹紧力不要过大,以免因套筒变形而使测量杆活动不灵活。

(3)用百分表或千分表测量零件时,测量杆必须垂直于被测量表面。

(4)测量时,不要使测量杆行程超过它的测量范围,不要使百分表或千分表受到剧烈的振动和撞击,亦不要把零件强迫推入测量头,不要用百分表和千分表测量表面粗糙或有显著凹凸不平的零件,以免损坏百分表和千分表的机件而使其失去精度。

(5)用百分表校正或测量零件时,应当使测量杆有一定的初始测力。即在测量头与零件表面接触时,测量杆应有 0.3~1 mm 的压缩量(千分表可小一些,有 0.1 mm 即可),使指针转过半圈左右,然后转动表圈,使表盘的零位刻线对准指针。轻轻地拉动手提测量杆的圆头,拉起和放松几次,检查指针所指的零位有无改变。当指针的零位稳定后,再开始测量或校正零件的工作。

(6)在使用百分表或千分表的过程中,要严格防止水、油和灰尘渗入表内,测量杆上也禁止加油,免得粘有灰尘的油污进入表内,影响表的灵活性。

(7)不使用百分表和千分表时,应使测量杆处于自由状态,以免表内弹簧失效。

6. 使用量具的注意事项

使用量具的注意事项如下。
(1)根据实际选择合适的量具,确定量具在有效期内。
(2)量具应保持清洁,用后擦净,在没有保护层处要涂一层凡士林或黄油。
(3)量具不要沾上有腐蚀的物质,如酸、碱。
(4)测量时不要用力过猛。
(5)量具不和其他工具堆放在一起,不能受到敲击和碰撞。
(6)不要用精密量具测量发热或转动的工件。
(7)不要用精密量具测量粗糙工件。

3.3 常用测量设备

1.万用表

万用表又称为多用表、三用表,是一种多功能、多量程的测量仪表。一般可测量直流电流、直流电压、交流电流、交流电压、电阻和音频电平等,有的还可以测量电容量、电感量及半导体的一些参数等。万用表按显示方式可分为指针式万用表和数字式万用表。指针式万用表是以表头为核心部件的多功能测量仪表,测量值由表头指针指示读取,如图3－30所示。数字式万用表的测量值由液晶显示屏直接以数字的形式显示,如图3－31所示,读取方便,有些还带有语音提示功能。现阶段数字式万用表已成为主流,逐渐取代指针式万用表。与指针式万用表相比,数字式仪表灵敏度高,精确度高,显示清晰,过载能力强,便于携带,使用也更方便简单。

图3－30　指针式万用表　　　　图3－31　数字式万用表

1)结构组成

数字万用表由表头、测量电路、转换开关及表笔等部分组成。

(1)表头。数字万用表表头上的表盘印有多种符号、刻度线和数值。符号"A－V－Ω"表示万用表是可以测量电流、电压和电阻的多用表。表盘上印有多条刻度线,其中右端标有"Ω"的是电阻刻度线,其右端为零,左端为∞,刻度值分布是不均匀的。符号"－"或"DC"表示直流,"～"或"AC"表示交流。刻度线下的几行数字是与选择开关的不同档位相对应的刻度值。表头上还设有机械零位调整旋钮,用以校正指针左端零位。

(2)测量线路。数字万用表的测量线路主要由电阻、半导体元件及电池组成,它能将各种不同性质、不同大小的被测物理量,经过一系列处理后统一转换成一定的微小直流电流送入表头进行测量。数字万用表采用运放电路,将不同的电参数瞬时取样,再经过计算和放大来显示测量结果。

（3）转换开关。万用表的转换开关是一个多挡位的旋转开关。万用表测量项目包括"mA"（直流电流）、"V（－）"（直流电压）、"V（～）"（交流电压）、"Ω"（电阻）。每个测量项目又划分为几个不同的量程以供选择。

（4）表笔和表笔插孔。表笔分为红、黑二支。使用时应将红色表笔插入标有"＋或 V/Ω"的插孔，黑色表笔插入标有"－/COM"的插孔。有的万用表还有测量高电流和高电压用的专用插孔。需要特别注意的是，万用表转换开关在电阻挡时，测量线路由万用表内部电池供电。模拟万用表红色表笔为内部电池的负极，黑表笔为正极。数字万用表与模拟万用表相反，数字万用表的红表笔为内部电池的正极，黑表笔为负极。

2）万用表的使用方法与注意事项（以指针式万用表为例）

（1）在使用万用表之前，应先进行"机械调零"，看指针是否指在右端零位上。即在没有被测电量时，使万用表指针指在零电压或零电流的位置上。

（2）测试前要确定测量内容，将量程转换旋钮旋到所要测量的相应挡上，注意：测量交流电压或交流电流时必须将量程放在相应挡位，否则可能会烧毁仪表，如果不知道被测物理量的大小，要先从大量程开始测试。

（3）在使用万用表的过程中，不能用手接触表笔的金属部分，这样一方面可以保证测量的准确性，另一方面也可以保证人身安全。

（4）在测量时，不能随意换挡，尤其是在测量高电压或大电流时更应注意，否则会使万用表毁坏。如需换挡，应先断开表笔，换挡后再去测量。

（5）万用表在使用时，必须水平放置，以免造成误差。同时还要注意外界磁场对万用表的影响。

（6）测量电阻时：要先调零，不能带电测量，被测电阻不能有并联支路。

（7）测量电流时：应将万用表串联在被测电路中，电流从红表笔流入，黑表笔流出。

（8）测量电压时：应将万用表并联在被测电路两端。

（9）使用完毕，将转换开关置于交流电压的最大挡。长期不使用，将万用表内的电池取出来，以免电池腐蚀表内其他器件。

2. 兆欧表

1）兆欧表的功能及分类

兆欧表也叫绝缘电阻表，是用来测量电气设备的绝缘电阻和高值电阻的仪表。其基本工作原理就是在被测绝缘电阻两端加上高压直流电，通过检测流过绝缘电阻的电流来计算绝缘电阻的大小，单位用"MΩ"表示。

根据产生高压直流电的形式和读取测量结果的方式不同，兆欧表可分为两种：一种为指针式表盘度数的兆欧表，俗称摇表，如图 3-32 所示。一般主要由手摇直流发电机、磁电系比率表和测量线路组成,表上有三个接线柱,分别是线路端(L)、接地端(E)和屏蔽端(G)。另一种是数字脉冲式兆欧表,如图3-33所示。指针式兆欧表在使用时需要双手进行操作,有些设备的测试甚至需要两个人配合操作,很不方便。数字脉冲式兆欧表测试电路由电池提供电压,由显示屏直接显示测试结果读数,使用更简单、读数更方便。

图 3-32　手摇式兆欧表　　　　图 3-33　数字式兆欧表

2)兆欧表的选用

兆欧表可以以额定工作电压来进行分类,手摇发电机式兆欧表的额定电压有100 V、250 V、500 V、1000 V 以及 1000 V 以上等电压等级。一般情况下,测量额定电压在 500 V 以下的设备,选用 500 V 或 1000 V 的兆欧表。额定电压在 500 V 以上的设备,应选用 1000 V 或 2500 V 的兆欧表。对于绝缘子、母线等选用 2500 V 或 3000 V 的兆欧表。在飞机日常维护工作中,测量线路绝缘电阻需根据飞机维护手册、事故隔离手册和部件维护手册的要求选择兆欧表的电压等级。

3)兆欧表使用前的校验

(1)指针校验:将兆欧表放在水平固定的工作台面上,检查指针偏转情况。

(2)开路测试:将兆欧表 E、L 两端开路,摇动手柄使发电机达到 120 r/min 的额定转速,观察指针是否指在标度尺"∞"的位置,若是则说明兆欧表测试正常。

(3)短路测试:将 E、L 两端短接,缓慢摇动手柄 1/4~1/2 圈,指针迅速指在"0"处,说明兆欧表接线及表笔正常可用。

4)兆欧表的使用方法

(1)将兆欧表放在水平固定的工作台面上,被测物表面要清洁良好。

(2)测量时必须正确接线。手摇式兆欧表测量绝缘电阻时,一般只用 L 端和 E 端。测量回路对地电阻时,L 端接被测设备导体,E 端接地线或金属外壳。测量回路之间的绝缘电阻时,两个回路分别与 L 端、E 端连接。

(3)使用手摇式兆欧表检测时,按顺时针方向由慢到快摇动兆欧表的手柄,当转速达到120 r/min时,手摇发电机要保持匀速,不可忽快忽慢而使指针不停地摆动,最后保持到120 r/min,一般规定摇测 1 min 后观察指针的读数来确定绝缘性能的好坏。

(4)测量完毕进行拆线。对于非电容性负载,直接拆线即可;对于电容较小的负载,拆线前要进行放电;对于电容较大的负载,拆线时保持兆欧表的转速不变,用一只手拆下 E 端即负极接线端,然后再对被测设备放电,放电方法是将测量时使用的地线从摇表上取下来与被测设备短接一下即可,最后再拆线。

5)使用兆欧表的注意事项

(1)兆欧表外观应完好没有任何缺陷,并定期校验其准确度。

(2)根据被测试系统或线路的电压等级选择合适的兆欧表或合适的量程。

(3)为了防止发生人身和设备事故及得到精确的测量结果,在测量前必须断开系统线路跳开关和电门。

(4)测量时,如果指针指向 0 位,应立即停止摇动手柄。

(5)被测物表面要清洁,减少接触电阻和漏电流。

(6)在测量时被测设备上不能有人工作,不能用手接触兆欧表的接线端和被测回路,以防触电。

(7)禁止在雷电时或高压设备附近测量绝缘电阻,不可以在强磁场和强电场中使用兆欧表。

(8)测量前要对兆欧表进行校验,判断其是否处于正常工作状态。

(9)在兆欧表手柄未停止转动或被测设备未放电前,不可用手触摸被测物的测量部位及引线的金属部分,以防触电。

(10)对于电容较大的负载,测量完毕拆线时要在保持兆欧表转速不变的同时,对被测设备放电。

3.4 工具/量具保存

工具和量具在飞机维护工作中是不可缺少的,工具和量具的损坏和丢失直接影响维修工作和航空器安全,使用和保管工具和量具应遵循如下规则。

(1)作标记,建清单,分别保管。

　①所有工具和量具要作标记,以免各维修部门的工具和量具相混。

　②工具和量具应由专人管理,登记清单,并建立分类保管制度,严格履行借用手续。

　③维护工作中,未经登记的工具和量具,严禁带上飞机使用。

(2)清点,不乱放,严防丢失。

　①坚持"三清点",即开始工作前清点、工作场所转移前清点、工作结束后清点。

　②坚持"三不放",即不随地乱放,不随意将工具和量具放在飞机上、发动机上或短舱内,不随便把工具和量具放在衣袋内或带出工作场所。

③发现工具和量具丢失,及时报告、认真查找。当不能确认工具和量具是否丢失在飞机上时,禁止飞机放行。

(3)不乱用,不抛掷,防止损坏。

①工具和量具应按用途使用,不得随意互相代用,也不得抛掷或随意敲打,以防损坏。

②使用量具时要查看有效标签,要选择合适量程,按照测量目标值正确选择单位和精度。

③使用量具时不要用力过大,不要测量发热或转动的工件,不要用精密量具测量粗糙工件。

(4)擦拭,防锈蚀,定期检查。

①工作结束或风沙雨雪之后,应将工具、量具等擦拭干净。

②不常用的工具和量具要定期进行涂油保养和检查,防止锈蚀和丢失。

③量具要进行定期校验,确保精确度。

工作任务

● 任务 1　万用表的使用——防静电腕带导通性测试

任务情境

防静电腕带是最基本的防静电设备,其主要作用是通过腕带及其接地线将人体上的静电排放至大地。故静电腕带必须与皮肤接触,接地线需直接接地,以保证导通性良好,才能发挥最好的效果。

任务描述

1.了解防静电腕带导通性测试的工具。

2.掌握防静电腕带导通性测试的步骤。

任务分析及执行

(1)将万用表挡位调至欧姆挡。

(2)将防静电腕带的插座端插入地面或与万用表的黑表笔连接。

(3)调节万用表欧姆挡到合适的电阻范围。

(4)将万用表的红表笔接触防静电腕带的电阻部分(金属片一端)。测得的电阻正常值范围是 250 kΩ 到 1.5 MΩ。

(5)将防静电腕带戴在将处理 ESDS(electrostatic discharge sensitive,静电放电敏感)组件的人的手腕上。

(6)用食指和拇指捏住万用表的红色表笔,测量的电阻应低于 10 mΩ。

(7)如测得的电阻值不在可接受的范围内,则报废静电控制腕带。

任务 2　防静电腕带测试仪的使用

任务情境

防静电腕带测试仪是防静电腕带的专用测试仪器,防静电腕带可以将静电通过导线进行释放,有效防止 ESD(electrostatic discharge,静电放电)事件的发生。

任务描述

1.掌握防静电腕带测试仪的使用步骤。

2.掌握使用防静电腕带测试仪的注意事项。

任务分析及执行

(1)认识防静电测试仪,如图 3-34 所示。

(2)戴好防静电腕带,把腕带接头插入防静电测试仪正面的插孔内。

(3)按住防静电腕带测试仪表面金属测试按键,测试仪指示说明如表 3-1 所示。

(4)如果"GOOD/好"LED 指示灯亮,表示防静电腕带功能正常。

(5)如果"LOW/低"LED 指示灯亮,须检查腕带接地电阻,若低于 800 kΩ,该腕带不可用。

(6)如果"HIGH/高"LED 指示灯亮,须检查腕带是否扎紧手腕,并检查腕带接地电阻,确保腕带测试仪接地线未松脱。

图 3-34　防静电测试仪

表 3-1　防静电腕带测试仪指示说明

指示	电阻范围	声音
GOOD/好(绿色)	800 kΩ~9 MΩ	有
LOW/低(红色)	<800 kΩ	无
HIGH/高(红色)	>9MΩ	无

注意:使用约 50000 次后,如果测试仪不发声,但绿色"好"灯仍亮起,需替换测试仪中的干电池。

▶ 任务 3　兆欧表的使用——相邻导线之间绝缘电阻的测量

任务 情境

兆欧表也称为绝缘电阻表或高阻表,是用来测量电气设备的绝缘电阻和高阻的仪表。绝缘电阻是判断电气设备绝缘程度好坏的标准,在飞机维护中具有重要作用。

任务 描述

1.掌握绝缘电阻测量前需要做的准备工作。

2.掌握相邻导线之间绝缘电阻测量的步骤。

任务 分析及执行

1)测量前准备

(1)根据飞机维护手册、故障隔离手册、部件维护手册选择兆欧表的电压等级。

(2)对兆欧表进行使用前校验检查。

(3)线路测量前的准备。

　　①确认被测线路所属的飞机系统,系统线路跳开关和电门已断开。

　　②断开与被测电路连接的设备和其他线路。

　　③确认测量线路的工作人员已佩戴防静电腕带。

2)绝缘电阻测量

(1)将兆欧表放在水平固定的工作台面上,确认被测导线表面清洁。

(2)将兆欧表 L 端(红表笔)与导线一端连接,E 端(黑表笔)与相邻导线一端连接。

(3)使用手摇式兆欧表检测时,按顺时针方向由慢到快摇动兆欧表的手柄,当转速达 120 r/min 时手摇发电机要保持匀速,摇测 1 min 后观察指针的读数来确认绝缘情况是否良好(绝缘情况良好标准:测量时,环境相对湿度≤70%时,绝缘电阻值≥10MΩ;测量时,环境相对湿度≤80%时,绝缘电阻值需≥5MΩ;测量时,环境相对湿度>80%时,绝缘电阻值需≥1MΩ)。

(4)测量完毕进行拆线放电。读数完毕,一边慢摇,一边拆线,然后将被测设备放电。放电方法是将测量时接 E 端的导线从兆欧表上取下来与另一条导线短接一下即可。

课后进阶

1.请列举常用工具的名称、使用方法及注意事项。

2.请列举常用量具的名称、使用方法及注意事项。

3.请列举飞机维护中常用的测量设备的名称和使用方法。

阅读材料

吕金辉：维修工具像"长"在手上

项目 4

手册查询文件

情景 导入

飞机维护手册是飞机制造商向飞机运营商和飞机修理厂商提供的用于飞机维护和修理的技术资料。中国民用航空规章《维修与改装一般规则》中明确要求维修人员在对航空器或航空器部件进行维修或者改装时,应当"使用航空器制造厂的现行有效的维修手册或持续适航文件中的方法、技术要求或实施准则"完成相关维修工作。

知识 导航

4.1 飞机维护手册

1.飞机维护手册基础知识

飞机维护手册是按照 ATA100 规范和 ATA2200 规范进行编写的,其章节按照 ATA100

规范进行编排。

以波音 B737 - 800 飞机的 AMM 为例,该手册的前言部分可分为 Title(标题页)、Effective Aircraft(手册适用机型清单)、Transmittal Letter(传送的信函)、Highlights(手册更改集锦)、Effective Pages(页有效性清单)、Effective Chapters(章节有效性清单)、Revision Record(改版记录)、Record of Temporary Revisions(临时改版记录)、Service Bulletin List(服务通告清单)和 Introduction(概述)。其中,Introduction(概述)又包含 Airplane Circuit Breaker Lists(飞机跳开关清单)、Consumable Material Lists(消耗材料清单)、Tool Lists(工具清单)和 Supplier List for Consumables and Tools(消耗材料和工具供应商清单),该手册的前言结构如图 4 - 1 所示。

每个飞机系统章节中,都包含系统描述部分(system description section,SDS)和操作程序部分(practices and procedures,P&P)两部分内容。系统描述部分用于帮助维护人员理解系统的功能。操作程序部分用于指导维护人员日常的维护工作。

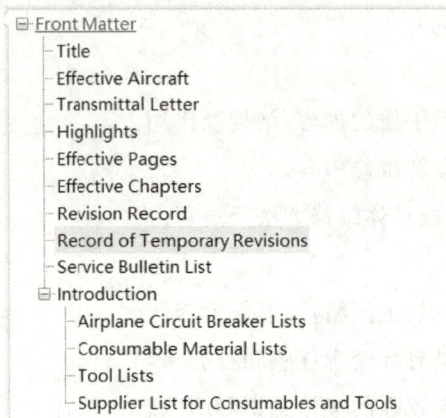

图 4 - 1 飞机维护手册前言结构

2.飞机维护手册内容介绍

1)手册适用机型清单

手册适用机型清单记录了适用该手册的飞机的型号(model-series)、客户识别代码(operator identification code)、客户有效性代码(operator effectivity code)、生产批次号(manufacturer block number)、制造序列号(manufacturer serial number)、生产线号(manufacturer line number)和注册号(registration number)等信息,如图 4 - 2 所示。不同型号的飞机所选装的设备、安装的线路和终端不完全相同,手册适用机型清单可以帮助维护人员根据特定机型,确定现行有效的维修程序。

2)手册更改集锦

手册更改集锦中列出了手册换版时各章节的更改状态和更改原因,如图 4 - 3 所示。

BOEING

737-600/700/800/900
AIRCRAFT MAINTENANCE MANUAL

This manual is applicable to the aircraft in this list:

Model-Series	Operator		Manufacturer			Registration Number
	Identification Code	Effectivity Code	Block Number	Serial Number	Line Number	
737-75C	XIA	001	YA701	29042	73	B-2998
737-75C	XIA	002	YA702	29084	86	B-2999
737-75C	XIA	003	YA703	29085	90	B-2991
737-75C	XIA	004	YA704	29086	108	B-2992
737-75C	XIA	005	YA705	30512	637	B-2658
737-75C	XIA	006	YA706	30513	676	B-2659
737-75C	XIA	009	YM482	34026	1733	B-5216
737-75C	XIA	010	YM483	34027	1767	B-5218

图 4-2　手册适用机型清单示例

BOEING

737-600/700/800/900
AIRCRAFT MAINTENANCE MANUAL

LOCATION OF CHANGE　　DESCRIPTION OF CHANGE
FRONTMATTER
　Changed commercial tool table.
　Changed engine consumable table.
　Changed master circuit breaker list.
　Changed special tool table.
　Changed standard consumable table
　Changed standard tool table.
　Changed tools and consumables supplier table.

CHAPTER 05
05-41-01
TASK 05-41-01-210-807　Changed the spelling of the word.
05-41-03
TASK 05-41-03-210-822　Changed the spelling of the word.
05-41-08
TASK 05-41-08-210-803　Changed the task illustration to provide additional clarification to the task requirements.
05-51-01
PGBLK 05-51-01-2　Changed the data for Hard Landing or High Drag/Side Load Landing, or Off Runway Excursion Maintenance Practices (Conditional Inspection) for aircraft that support vertical acceleration data taken at different samples per second.
05-51-04
TASK 05-51-04-210-801　Changed the spelling of the word.

图 4-3　手册更改集锦示例

3）页有效性清单

页有效性清单中列出了手册每一页的最新有效状态，如图4-4所示，各代码含义如下。
A 或 N 表示增加页；R 表示改版页；D 表示删除页；F 表示拆分页；O 表示覆盖页。

737-600/700/800/900
AIRCRAFT MAINTENANCE MANUAL

COC	Subject/Page	Date	COC	Subject/Page	Date	COC	Subject/Page	Date
	TITLE PAGE			SERVICE BULLETIN LIST (cont)			SERVICE BULLETIN LIST (cont)	
	1	Feb 15/2016	O	16	Feb 15/2016	O	54	Feb 15/2016
	2	BLANK	O	17	Feb 15/2016	O	55	Feb 15/2016
	EFFECTIVE AIRCRAFT		O	18	Feb 15/2016	O	56	Feb 15/2016
	1	Jun 15/2015	O	19	Feb 15/2016	O	57	Feb 15/2016
	2	Jun 15/2015	O	20	Feb 15/2016	O	58	Feb 15/2016
O	3	Feb 15/2016	O	21	Feb 15/2016	O	59	Feb 15/2016
	4	BLANK	O	22	Feb 15/2016	O	60	Feb 15/2016
	TRANSMITTAL LETTER		O	23	Feb 15/2016	O	61	Feb 15/2016
O	1	Feb 15/2016	O	24	Feb 15/2016	O	62	Feb 15/2016
	2	Oct 15/2014	O	25	Feb 15/2016	O	63	Feb 15/2016
	HIGHLIGHTS		O	26	Feb 15/2016	O	64	Feb 15/2016
	1 thru 63	FEB 15/2016	O	27	Feb 15/2016	O	65	Feb 15/2016
	64	BLANK	O	28	Feb 15/2016	O	66	Feb 15/2016
	EFFECTIVE PAGES		O	29	Feb 15/2016	O	67	Feb 15/2016
	1 thru 4	FEB 15/2016	O	30	Feb 15/2016	O	68	Feb 15/2016
	EFFECTIVE CHAPTERS		O	31	Feb 15/2016	O	69	Feb 15/2016
O	1	Feb 15/2016	O	32	Feb 15/2016	O	70	Feb 15/2016
O	2	Feb 15/2016	O	33	Feb 15/2016	O	71	Feb 15/2016
	REVISION RECORD		O	34	Feb 15/2016	O	72	Feb 15/2016
	1	Oct 15/2014	O	35	Feb 15/2016	O	73	Feb 15/2016
	2	Oct 15/2014	O	36	Feb 15/2016	O	74	Feb 15/2016
	RECORD OF TEMPORARY REVISIONS		O	37	Feb 15/2016	O	75	Feb 15/2016
	1	Oct 15/2014	O	38	Feb 15/2016	O	76	Feb 15/2016
	2	Oct 15/2014	O	39	Feb 15/2016	A	77	Feb 15/2016
	SERVICE BULLETIN LIST		O	40	Feb 15/2016	A	78	Feb 15/2016
	1	Oct 15/2014	O	41	Feb 15/2016		INTRODUCTION	
	2	Oct 15/2014	O	42	Feb 15/2016		1	Oct 15/2014
O	3	Oct 15/2014	O	43	Feb 15/2016		2	Oct 15/2014
	4	Oct 15/2014						
O	5	Feb 15/2016						

图 4-4 页有效性清单示例

4）章节有效性清单

章节有效性清单记录了手册中每一章节的改版更新记录，如图 4-5 所示。各代码含义如下。

A 表示增加页；R 表示改版页；D 表示删除页；O 表示覆盖页；C 表示客户组织要求变更。

BOEING
737-600/700/800/900
AIRCRAFT MAINTENANCE MANUAL

	Chapter	Date	Title
R	05	Feb 15/2016	TIME LIMITS/MAINTENANCE CHECKS
R	06	Feb 15/2016	DIMENSIONS AND AREAS
R	07	Feb 15/2016	LIFTING AND SHORING
	08	Feb 15/2015	LEVELING AND WEIGHING
	09	Oct 15/2015	TOWING AND TAXIING
R	10	Feb 15/2016	PARKING AND MOORING
R	11	Feb 15/2016	PLACARDS AND MARKINGS
R	12	Feb 15/2016	SERVICING
R	20	Feb 15/2016	STANDARD PRACTICES
R	21	Feb 15/2016	AIR CONDITIONING
R	22	Feb 15/2016	AUTOFLIGHT
R	23	Feb 15/2016	COMMUNICATIONS
R	24	Feb 15/2016	ELECTRICAL POWER
R	25	Feb 15/2016	EQUIPMENT/FURNISHINGS
R	26	Feb 15/2016	FIRE PROTECTION
R	27	Feb 15/2016	FLIGHT CONTROLS
R	28	Feb 15/2016	FUEL
R	29	Feb 15/2016	HYDRAULIC POWER
R	30	Feb 15/2016	ICE AND RAIN PROTECTION
R	31	Feb 15/2016	INDICATING/RECORDING SYSTEMS
R	32	Feb 15/2016	LANDING GEAR
R	33	Feb 15/2016	LIGHTS
R	34	Feb 15/2016	NAVIGATION
R	35	Feb 15/2016	OXYGEN
R	36	Feb 15/2016	PNEUMATIC
R	38	Feb 15/2016	WATER/WASTE
R	44	Feb 15/2016	CABIN SYSTEMS

图 4-5 章节有效性清单示例

5）改版记录与临时改版记录

为了让飞机与手册信息完全吻合，需要定期或临时对手册进行修订。如波音系列飞机一般在每年的三月、七月和十一月的十五日定期改版，相应内容记录在手册的改版记录中。

6）服务通告清单

服务通告清单中列出了由航空器制造厂商或部件制造商颁布的服务通告（service bulletin，SB），通告中包含了对飞机、部件进行改装、检查及修理工作的相关技术要求，属于非强制性文件。在波音系列飞机的服务通告清单中的 S/C 项目中，S 表示该服务通告在客户系列飞机上刚刚开始进行；C 表示该服务通告在客户系列飞机上已经完成。

7）跳开关清单

跳开关清单给出了飞机所有的跳开关所在章节号、电子设备号、名称、位置和有效性信息，如图 4-6 所示。

ATA Chap-Sec	Circuit Breaker Number	Circuit Breaker Nomenclature	Location	
			Panel	Row/ Column
SHG 001, 002, 004-016				
21	C01176	A/C PACK/ENGINE BLEED AIR OVHT LEFT	P6-4	C8
21	C01177	A/C PACK/ENGINE BLEED AIR OVHT RIGHT	P6-4	C7
21	C00911	A/C RECIRC FAN LEFT CABIN AIR	P18-3	E7
21	C01156	A/C RECIRC FAN LEFT CONT	P18-3	E9
21	C01109	A/C ZONE TEMP DUCT OVHT AFT PASS	P6-4	C2
21	C01164	A/C ZONE TEMP DUCT OVHT FLT DECK	P6-4	C4
21	C01166	A/C ZONE TEMP DUCT OVHT FWD PASS	P6-4	C3
21	C01167	A/C ZONE TEMP VALVE/FAN CONT FWD PASS	P6-4	B2
SHG ALL				
21	C01274	AIR CONDITIONING DOOR AREA HEAT CONT	P18-3	E11
SHG 003, 701-999				
21	C00124	AIR CONDITIONING MIX VALVE POS IND	P6-4	D7

图 4-6　跳开关清单示例

8）消耗材料清单

消耗材料是指在工作中使用的消耗性材料，又称为"耗材"，耗材编号的第一个字母标明了该材料的性质，如图 4-7 所示，各代码含义如下。

A 表示黏结剂、填充剂、封严剂；B 表示清洁剂、光洁剂；C 表示整修材料；D 表示润滑油、润滑脂、固体润滑剂等润滑介质；E 表示除漆、除胶等所用的清除剂；F 表示焊接材料；G 表示复合材料。

(Continued)

Reference	Description	Specification	Material	Supplier
AC0026	Compound - Sealing, Locking And Fetaining, Single Component	ASTM D5363		
AC0027	Adhesive - Silicone Rubber, 1 Part, RTV	BAC5010 Type 60	RTV 102	71984
AC0028	Adhesive - Modified Epoxy For Rigid PVC, Foam Cored Sandwiches	BAC5010 Type 70 (SMS5-92, Type 1)		
AC0039	Adhesive - Clear Epoxy Resin 2 Part, RT Cure - Epibond 126		Epibond 126	99354
AC0040	Resin - Self-Extinguishing Laminating - Epocast 50-A1 with Epocast 9616	BMS8-201, Type III (Long work life)	Epocast 50A with Epo	99354
AC0098	Sealant - RTV - Dow Corning 90-006		Dow Corning 90-006	71984
AC0091	Adhesive - Silicone Rubber - RTV 106	BAC5010 Type 74	RTV 106	C1139
AC0103	Sealant - Windshield And Window - PR-1425		PR-1425	83574
AC0112	Hardener - Adhesive - Hysol 3561		Hysol 3561	33564

图 4-7　消耗材料清单示例

9）工具清单

工具清单中列出了飞机维护工作所需的工具，如图 4-8 所示。工具可分为三种类型：标准工具、特殊工具和通用工具。

Reference	Description
STD-77	Air Source - Regulated, Dry Filtered, 0-50 psig
STD-122	Brush.

(a) 标准工具示例

Reference	Description	Part Number	Supplier	A/P Effectivity
SPL-1362	Assembly - Wrench Adapter (C32029-6, Part of Kit C32029-1)	C32029-1	81205	737-600, -700, -700C, -700ER, -700QC, -800, -900, -900ER, -BBJ

(b) 特殊工具示例

Reference	Description	Part Number	Supplier	A/P Effectivity
COM-1482	Jack - Tripod, Aft Body	15-100-40	00994	737-ALL
		714A-WITH 36" LEG EXT	94861	737-ALL
COM-1483	Jack - Tripod, Wing	50-60-44	00994	737-ALL
		759A	94861	737-ALL
		8826	94861	737-ALL

(c) 通用工具示例

图 4-8　工具清单示例

10)消耗材料和工具供应商清单

此清单给出了工具和耗材的供应商代码、名称以及地址信息,如图 4-9 所示。

CAGE Code	Supplier Name	Supplier Address
S0373	RIVERS AIRCRAFT VACUUM CO.	2 EAST WASHINGTON AVENUE 2 East Washington Ave P.O.BOX 1499, KREBS, OK 74554 KREBS, OK 74554 Telephone: 415-751-0468 Facsimile: 415-751-0468
S0494	F C C SYSTEMS LIMITED	THE OLD ARMOURY COURT EARTON, CREWKERNE SOMERSET, -- TA18 7HP Telephone: 0460 73442 Facsimile: 0460 76202
S0708	AVIATION PARTNERS BOEING, INC.	7299 PERIMETER ROAD SOUTH SEATTLE, WA 98108 Telephone: (206) 830-7699 Facsimile: (206) 767-3355
S0797	JET \ BRELLA INCORPORATED	6849 HAYVENHURST AVE. VAN NUYS, CA 91406-4718 Telephone: 818-780-1769 Facsimile: 818-994-9456
S0855	CUSTOM COMPONENTS, LIMITED	UNIT 3, FELTRIM BUSINESS PARK, SWORDS ,CO. DUBLIN, IE NA Telephone: 353 1 8901909 Facsimile: 353 1 8901907
S0856	PNJ MACHINING, INC.	2601 INTER AVE PUYALLUP, WA 98372 Telephone: 253-841-0500 Facsimile: 253-840-1695

图 4-9 消耗材料和工具供应商清单示例

11)章节目录

飞机维护手册根据 ATA100 规范组织章节目录,目录中标明了飞机各个子系统相关内容所在的章-节-题目、页区和该子系统的适用范围的情况,如图 4-10 所示。

BOEING

737-600/700/800/900
AIRCRAFT MAINTENANCE MANUAL

CHAPTER 21
AIR CONDITIONING

SUBJECT	CHAPTER SECTION SUBJECT	CONF	PAGE	EFFECT
AIR CONDITIONING - GENERAL - MAINTENANCE PRACTICES	21-00-00		201	XIA ALL
Supply Conditioned Air to the Airplane TASK 21-00-00-800-801			201	XIA ALL
Remove Conditioned Air from the Airplane TASK 21-00-00-800-802			204	XIA ALL
Supply Conditioned Air with a Cooling Pack TASK 21-00-00-800-803			204	XIA ALL
Remove Conditioned Air Supplied by a Cooling Pack TASK 21-00-00-800-804			205	XIA ALL
Supply Conditioned Air with a Ground Air Source TASK 21-00-00-800-805			206	XIA ALL
Remove Conditioned Air Supplied by a Ground Air Source TASK 21-00-00-800-806			207	XIA ALL
AIR CONDITIONING - DDG MAINTENANCE PROCEDURES	21-00-00		901	XIA ALL

图 4-10 章节目录示例

12)手册的有效性控制

如图 4-11 所示,飞机维护手册的每页均以 ATA 章节号(24-31-00)作为页区标识,下方还包括页区号(Page 201)、有效日期(Feb 15/2015)和有效性情况(XIA ALL)等信息。每一页的下方"EFFECTIVITY"框内,都写明了该页的有效性情况,如果该页适用于所有的飞机,在该框内会显示"ALL"字样,如果该页不适用于所有的飞机,会用有效性代码显示该页有效性信息。

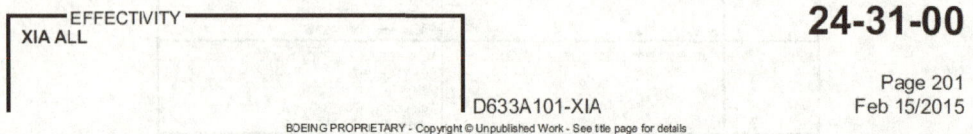

```
─ EFFECTIVITY                                          24-31-00
XIA ALL
                                                       Page 201
                                                       Feb 15/2015
                          D633A101-XIA
            BOEING PROPRIETARY - Copyright © Unpublished Work - See title page for details
```

图 4-11 飞机维护手册页有效性信息示例

3. 飞机维护手册工卡解析

(1)概述:对维护工作做出说明,给出工作内容和任务步骤。

(2)相关参考清单:以清单的形式列出所有需要参考的资料(工卡号、标题),以便在开始工作前确定参考资料。

(3)工具/设备:给出涉及此项工作的所有波音供应商和发动机厂的工装和测试设备。

(4)安装区域:列出完成所需工作所在区域位置和接近盖板的相关资料。

(5)准备工作:列出实施某项具体工作前的准备工作。如拆卸工作的准备工作一般有打开相应口盖、卸除电源(拔出跳开关)/卸除气源/卸除液压源、解除预位等,如图 4-12 所示。

(6)拆除步骤:给出拆除部件的详细步骤,如图 4-13 所示。

(7)耗材:列出完成工作需要的所有消耗材料,并给出材料的代码、名称、类型和使用规范。

(8)消耗件/部件:以清单或表格的形式给出需更换的主要部件和相关消耗件在 IPC 手册中的参考章节(详细到图号、项目号)。

(9)安装步骤:给出安装部件的详细步骤,如图 4-14 所示。

(10)测试:给出工作完成后进行测试的方法。

737-600/700/800/900
AIRCRAFT MAINTENANCE MANUAL

REFUELING MANIFOLD - REMOVAL/INSTALLATION

1. **General**
    A. This procedure has these tasks:
        (1) A task to remove the refueling manifold.
        (2) A task to install the refueling manifold.
        (3) A task to replace the refueling panel floodlight.

    TASK 28-21-21-000-801

2. **Refueling Manifold Removal**
    A. **General**
        (1) This task gives instructions to remove the Refueling Manifold.
    B. **References**

Reference	Title
24-22-00-860-812	Remove Electrical Power (P/B 201)
28-21-11-000-801	Fueling Receptacle Removal (P/B 401)
28-21-51-000-801	Fueling Shutoff Valve Removal (P/B 401)
28-26-00-650-801	Fuel Tank Defueling (P/B 201)
28-26-00-650-802	Tank to Tank Fuel Transfer (P/B 201)
28-26-11-010-801	Actuator Handle Assembly Removal (P/B 401)
28-41-61-000-801	Refuel Quantity Indicator Removal (P/B 401)

    C. **Tools/Equipment**

Reference	Description
STD-195	Container - 1 Quart (1 l), Oil/Fuel Resistant

    D. **Location Zones**

Zone	Area
620	Subzone - Right Wing: Leading Edge, Forward of Front Spar, Outboard of Nacelle Strut

    E. **Access Panels**

Number	Name/Location
621EB	Defuel Access Panel - Slat Station 95.15
621GB	Refuel Access Panel - Slat Station 143.27
621HB	Lower Leading Edge Access Panel - Slat Station 170.21

    F. **Prepare for the Removal**
    SUBTASK 28-21-21-650-001
        (1) Defuel the No. 2 tank (TASK 28-26-00-650-801) or transfer fuel out of the No. 2 tank (TASK 28-26-00-650-802) to a fuel quantity less than 3500 lb (1588 kg).
            (a) The No. 2 tank must contain less than 3500 lb (1588 kg) to do this procedure.
    SUBTASK 28-21-21-860-003
        (2) Do this task: Remove Electrical Power, TASK 24-22-00-860-812.

EFFECTIVITY
XIA ALL

28-21-21

Page 401
Jun 15/2015

D633A101-XIA
BOEING PROPRIETARY - Copyright © Unpublished Work - See title page for details

图 4-12 飞机维护手册工卡示例(1)

BOEING

737-600/700/800/900
AIRCRAFT MAINTENANCE MANUAL

SUBTASK 28-21-21-010-001

(3) Open this access panel:

Number	Name/Location
621GB	Refuel Access Panel - Slat Station 143.27

Figure 401).

(a) Remove the pins that attach the linkage assemblies to the access door.

SUBTASK 28-21-21-010-002

(4) Do these steps to remove this access panel:

Number	Name/Location
621HB	Lower Leading Edge Access Panel - Slat Station 170.21

(outboard of the refuel station).

(a) Remove the refuel quantity indicators from the refuel instrument panel (TASK 28-41-61-000-801).

1) Make a mark on the fuel quantity indicators to install them again in the correct position.

(b) Remove the screws that attach the refuel instrument panel to the wing structure.

(c) Remove the refuel instrument panel to get access to the manifold support fitting [1].

NOTE: You can also attach the panel to the support member for the leading edge to keep it safe during this procedure.

SUBTASK 28-21-21-010-003

(5) Remove the two bolts to remove the TAI duct shield [5].

SUBTASK 28-21-21-860-002

(6) Do these steps to make sure that the defueling valve s closed (TASK 28-26-11-010-801):

(a) Open this access panel:

Number	Name/Location
621EB	Defuel Access Panel - Slat Station 95.15

(b) Make sure that the manual defueling valve is closed.

(c) Close this access panel:

Number	Name/Location
621EB	Defuel Access Panel - Slat Station 95.15

G. Refueling Manifold Removal

SUBTASK 28-21-21-680-001

(1) Drain the fuel from the refueling manifold [21].

(a) Put a 1 quart (1 l) oil/fuel resistant container, STD-195, below the fueling receptacle.

(b) Push the poppet valve in the fueling receptacle.

(c) Let the remaining fuel drain from the fueling receptacle and from the refueling manifold [21].

SUBTASK 28-21-21-010-004

(2) Remove the fueling shutoff valves (TASK 28-21-51-000-801).

NOTE: If you are scheduled to remove the fueling receptacle, refer to the task: Fueling Receptacle Removal, TASK 28-21-11-000-801.

EFFECTIVITY
XIA ALL

28-21-21

D633A101-XIA

Page 402
Feb 15/2015

图 4-13 飞机维护手册工卡示例(2)

737-600/700/800/900
AIRCRAFT MAINTENANCE MANUAL

TASK 28-21-21-400-801

3. **Refueling Manifold Installation**

    A. **General**

        (1)　This task gives instructions to install the Refueling Manifold.

    B. **References**

Reference	Title
28-21-00-700-801	Pressure Fueling System - Test (P/B 501)
28-21-11-400-801	Fueling Receptacle Installation (P/B 401)
28-21-51-400-801	Fueling Shutoff Valve Installation (P/B 401)
28-41-61-400-801	Refuel Quantity Indicator Installation (P/B 401)
SWPM 20-20-00	Electrical Bonding Processes

    C. **Consumable Materials**

Reference	Description	Specification
B00083	Solvent - Aliphatic Naphtha (For Acrylic Plastics)	TT-N-95 Type II ASTM D-3735 Type III
G00034	Cotton Wiper - Process Cleaning Absorbent Wiper (Cheesecloth, Gauze)	BMS15-5 Class A

    D. **Expendables/Parts**

AMM Item	Description	AIPC Reference	AIPC Effectivity
21	Refueling manifold	28-21-52-01-110	XIA 001-006
		28-21-52-01A-115	XIA 009-015, 801-810, 812-838, 840-999

    E. **Access Panels**

Number	Name/Location
621GB	Refuel Access Panel - Slat Station 143.27
621HB	Lower Leading Edge Access Panel - Slat Station 170.21

    F. **Refueling Manifold Installation**

SUBTASK 28-21-21-160-001

        (1)　Clean these surfaces with solvent, B00083 and dry with a cotton wiper, G00034.

            (a)　All of the machined surfaces on the refueling manifold [21]

            (b)　The O-ring grooves of the check valves [23]

            (c)　The O-ring grooves of the defuel port [22].

SUBTASK 28-21-21-420-001

        (2)　Install new o-rings [16] (three locations) and o-ring [17] lightly lubricated with fuel, on the check valves [23] (three locations) and the defuel port [22].

SUBTASK 28-21-21-420-002

CAUTION: DO NOT LOOSEN THE O-RINGS OR PUSH THEM OUT OF THEIR CORRECT SHAPE WHEN YOU INSTALL THE MANIFOLD. A FUEL LEAK CAN EASILY OCCUR.

        (3)　Install the refueling manifold [21].

            (a)　Put the refueling manifold [21] in its correct position between the support members for the leading edge.

EFFECTIVITY
XIA ALL

28-21-21

Page 407
Feb 15/2016

D633A101-XIA

图 4-14　飞机维护手册工卡示例(3)

4.2　线路图解手册

线路图解手册(wiring diagram manual，WDM)是一本按照 ATA100 规范和 ATA2200 规范进行编写的客户化手册，其中包含了飞机系统的所有线路图解，是维修人员在飞机上查找线路和排除故障的依据。维修技术人员除了要熟悉线路图解图纸以外，还要对相关线路器件(如导线、电缆、导线束、电子电气设备和连接终端等)的查找方法、件号和施工标准有清楚的了解，才能依据线路图对线路进行修理、更换,以及制作各种类型的线路终端等。

1. 线路图解手册基础知识

线路图解手册分为前言、飞机系统章节和各种清单三部分。前言中还包含概述信息,概述中记录着各个飞机系统章节中包含的所有系统线路图解的简单说明。以波音 B737 - 600/700/800 为例,线路图解手册比飞机维护手册和图解零件目录多了 00 章 General(概述)和 91 章 Charts(位置和图表),其章节内容的组织结构为章-节-主题,每一主题对应某一航线可更换单元(line replace unit,LRU),内容为相应线路图解。线路施工技术数据可以通过查找各种清单来获得,其中最常用的清单有设备清单、导线束清单、备用导线束清单、主导线束清单、设备支架清单、线路跳开关清单、连接清单、接地清单、接线柱清单和拼接清单。

2. 线路图解手册内容介绍

手册适用机型清单、页有效性清单、改版记录、临时改版记录和服务通告清单是常用技术文件的通用内容,在前文中已经介绍过,不再重复介绍。

1)线路图解手册中的符号

线路图解手册的 00 章 General(概述)介绍了线路图解手册线路图用到的各种元器件符号,如图 4 - 15 所示。

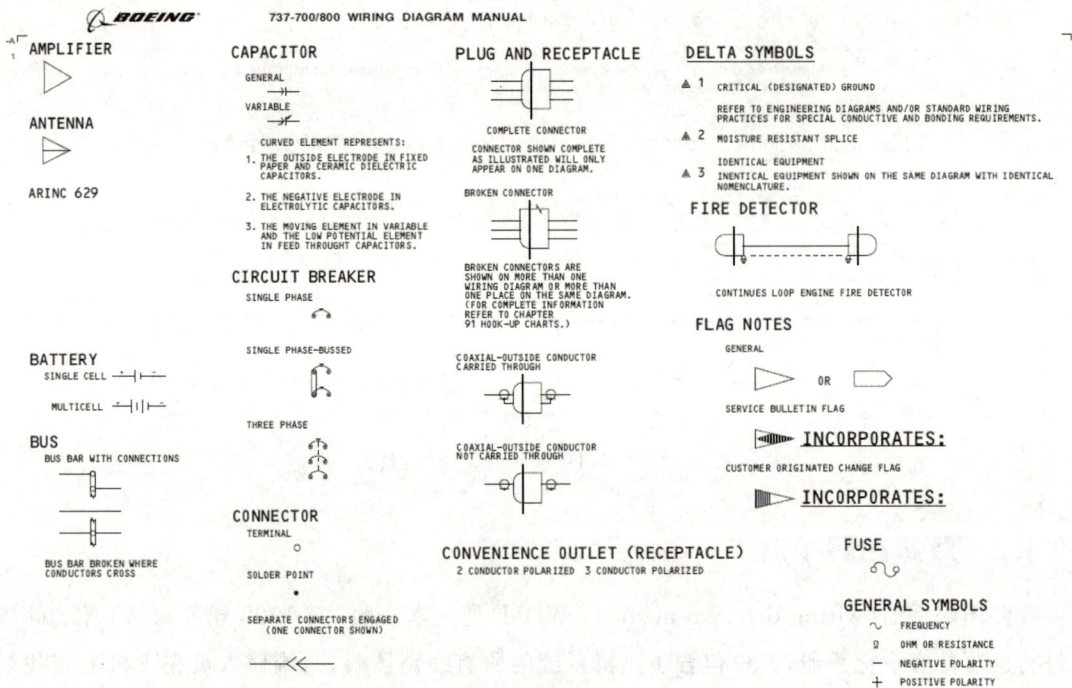

图 4 - 15　线路图解手册符号解释示例

专业维修人员应当熟练掌握系统图纸中出现的导线、电插头和各类电气元件的常用符号，以及系统图纸中所用到的各类符号，也可利用 WDM 手册的 00 章进行查询。

2）图纸页编码方式

如图 4 - 16 所示，同一线路图编号（CH - SC - SU）的图纸可能存在多页（Page），此时，需要根据有效性（Effectivity）决定选用哪一页。

Title	CH-SC-SU	Schem	Page	Sheet	Date	Effectivity
RECIRCULATION SYSTEM						
CABIN AIR RECIRCULATION SYSTEM	21-25-11		1	1	Apr 07/2008	YC750-YJ905 YK406-YL055 YL061-YL371
				2	Apr 07/2008	YC750-YJ905 YK406-YL055 YL061-YL371
			2	1	Oct 09/2007	YK401-YK405
				2	Oct 09/2007	YK401-YK405
			3	1	Jun 25/2009	YL057-YL060
				2	Jun 25/2009	YL057-YL060

图 4 - 16　图纸页编码方式示例

3）图纸张数编码方式

如果一个线路图过大，需要另外增加图纸来反映线路连接关系，这时对应同一个线路图编号、同一页码的图纸中会包含 Sheet1、Sheet2、Sheet3 等多张图纸（图 4 - 17）。

Title	CH-SC-SU	Schem	Page	Sheet	Date	Effectivity
RECIRCULATION SYSTEM						
CABIN AIR RECIRCULATION SYSTEM	21-25-11		1	1	Apr 07/2008	YC750-YJ905 YK406-YL055 YL061-YL371
				2	Apr 07/2008	YC750-YJ905 YK406-YL055 YL061-YL371
			2	1	Oct 09/2007	YK401-YK405
				2	Oct 09/2007	YK401-YK405
			3	1	Jun 25/2009	YL057-YL060
				2	Jun 25/2009	YL057-YL060

图 4 - 17　图纸张数编码方式示例

4）原始图纸

线路图中的任何一个导线终端连接三根或三根以上导线时，在线路图中都会显示原始图纸和每根导线对应线路的参考图纸。原始图纸显示所有与终端相连的导线，参考图纸上显示导线与终端的连接情况。

（1）拼接头。某一拼接头在三张或更多的线路图中出现时，需要安排一张原始图，用以标出线路的连接情况。如图 4 - 18 所示，对于拼接头 SM23，在 21—62—11 原始图中除实线所说明的连接关系之外，虚线所关联的三个图纸号所对应的图纸（21—61—12、21—62—21 和 21—62—22）分别说明 SM23 所连接的另外三条线路。

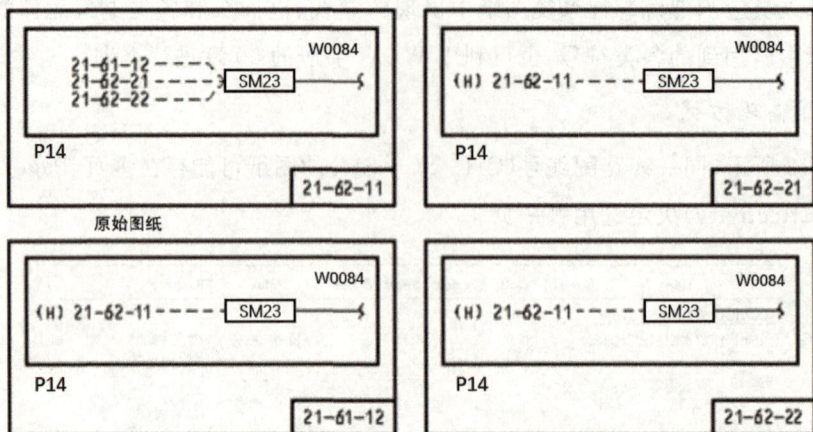

图 4-18　拼接头原始图纸示例

（2）终端块。某一终端块在三张或更多的线路图中出现时，需要安排一张原始图，用以标出线路的连接情况。如图 4-19 所示，对于终端块 GA13，在 33-11-11 原始图中除实线所说明的连接关系之外，虚线所关联的三个图纸号所对应的图纸（33-13-13、24-51-61 和 24-28-11）分别说明 GA13 所连接的另外三个线路。

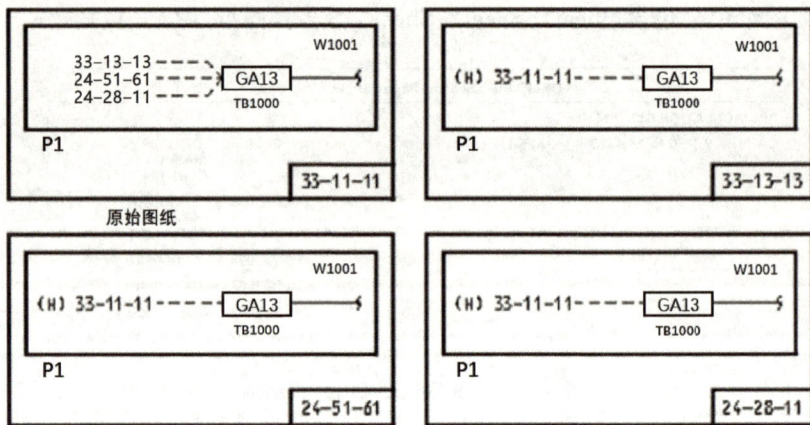

图 4-19　终端块原始图纸示例

5）线路图解手册各种清单的基本信息

线路图解手册 91 章中包含位置图表和清单两部分内容。位置图表中包含飞机的占位、导线区域、主导线束走向、配电板和设备架位置、线路跳开关板图表、设备架分解图表和主导线束信息。清单中包含设备清单、线路跳开关清单、设备支架清单、导线束清单、备用导线束清单、主导线束清单、接地清单、拼接头清单、终端清单和连接清单。线路图解的基本信息示例如图 4-20 所示。线路图解手册各种清单的详细介绍如下。

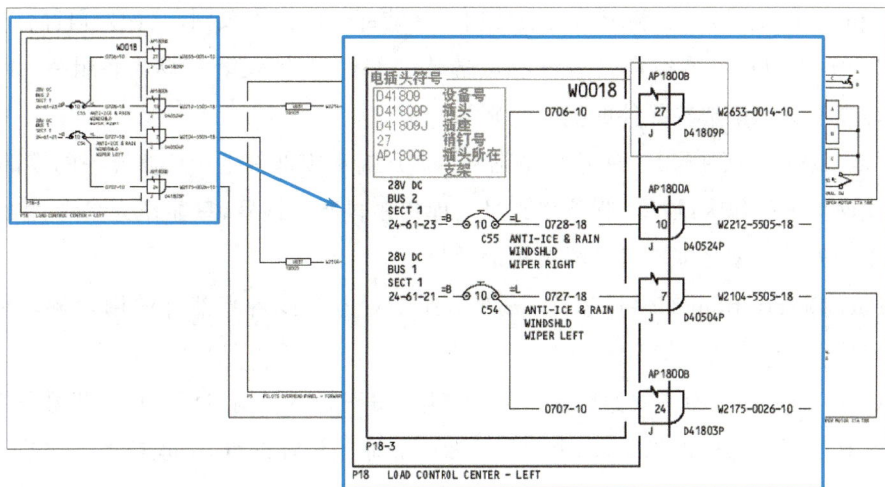

图4-20　线路图解的基本信息举例

（1）设备清单。

通过设备清单可以找到各个航线可更换单元（LRU）件号、部件描述、参考线路图章节号、站位和飞机的适用性等相关信息。（注意：所有的拼接头、接地桩、接线片和导线束不包括在设备清单之中。）在清单中按设备编号（Equip）排序。

设备编号为M03001的VIDEO INTERFACE UNIT（视频接口单元）在设备清单中的解释如图4-21所示。

737-700/800 WIRING DIAGRAM MANUAL

Equip	Opt	Part Number Part Description	Used On Dwg Vendor	Qty	Diagram Station / WL / BL	Effectivity
M03000		2003-109-2 CAMERA CONTROL PANEL	233A6104 59885	1	23-70-11 P008-00/ /	YF921-YF928, YK972-YK980, YN531-YS167
M03001		8400K2 VIDEO INTERFACE UNIT	417A6400 59885	1	23-70-11 344/292/	YF921-YF928, YK972-YK980
M03002		8410B1-204-105 CAMERA 1	417A6400 59885	1	23-70-11 285/ /0	YF921-YF928, YK972-YK980
M03002		8410B1-206-105 CAMERA 1	417A6400 59885	1	23-70-11 285/ /0	YN531-YS167
M03003		8410B1-204-105 CAMERA 2	417A6400 59885	1	23-70-11 340/ /0	YF921-YF928, YK972-YK980

图4-21　设备清单举例

①Equip（设备编号）。设备编号简称设备号，由字母和数字组成，第一位或前两位使用字母进行标识，后几位使用数字进行标识。字母标识代表着特定的部件，例如：D代表插座、插头、插头板装配、继电器座和日光灯座；M代表调节器、天线、电池、电路板卡、充电器、计算机、接触器、控制组件、探测器、厨房组件、发电机、点火器、插件、旅客控制组件、动力驱动组件、传感器、伺服系统、电磁阀、振荡器、热电偶、转速计、变频器、线性可变差动变压器、发射机和变压整流器；TB代表终端接线块；TD代表终端接线柱。

②Opt(选装记录)。选装记录代表使用可选装部件的优先级别,波音公司部件优先级别为 0～3,其中 0 或空白代表没有可选装的部件,1 代表第一级选装组件,以此类推。客户设置的可选装部件的优先级别为 6～9。

③Part Number(件号)。件号是与飞机生产厂商和零部件生产厂商统一的零部件编号,此件号不能作为维护工程技术人员去库房领料所用编号,只能作为参考件号,领料所用的件号必须是零件目录清单里的件号。

④Part Description(部件描述)。部件描述是对电气设备零部件的用途和功能的简单叙述。

⑤Used On Dwg(参考线路图章节号)。这个编码是飞机制造厂商计算机数据库对飞机所有的图纸的标识代码,每个代码代表一张原始设计图纸,工程技术人员在飞机大修工作中如果需要飞机的原始图纸可以随时调用。

⑥Vendor(供应厂商代码)。每个供应厂商代码对应一个供应厂商的名称、通讯地址、联系电话、邮箱等信息。

⑦Qty(安装数量)。该零部件在飞机上实际安装的数量的总和。

⑧Diagram(参考图号)。该零部件可能在线路图解手册或系统简图手册出现的章节号。

⑨Station/WL/BL(站位)。站位用于标识零部件的具体安装坐标,用于维护工程技术人员查找零部件,Station、WL、BL 分别表示纵向站位、横向站位、立向站位。

⑩Effectivity(飞机的适用性)。适用此零部件的飞机的编号,ALL 表示适用于手册适用清单中的所有飞机。

(2)线路跳开关清单。

线路跳开关清单中列出了安装在飞机上的所有线路跳开关,并按照位置号进行排序。其中包含了每个线路跳开关的安装位置、描述、参考的线路图图号和适用性等信息,设备号为 C01053 的线路跳开关在线路跳开关清单中的解释如图 4－22 所示。

BOEING 　　　　　　　　　　　　　　　**737-700/800 WIRING DIAGRAM MANUAL**

| Panel/Access Door | | Description | | Diagram | | |
Grid No	Ckt Bkr	Description			Diagram	Effectivity
M01720		CONTROL UNIT-STANDBY POWER		24-31-11		YA701-YA705, YF921-YS167
A001	C03063	CB-BAT BUS SECT 3			24-61-11	ALL
A002	C01053	CB-INVERTER VOLTS			24-28-11	ALL
A004	C01459	CB-DUAL BAT RCCB REMOTE			24-31-11	ALL
A005	C01343	CB-INVERTER REMOTE			24-34-11	ALL
B001	C01410	CB-SPCU NORMAL			24-31-12	ALL
B002	C01411	CB-SPCU STANDBY			24-31-12	ALL
B003	C02022	CB-HOT BAT BUS			24-61-11	ALL
B004	C00169	CB-SW HOT BAT BUS			24-61-11	ALL
B005	C01426	CB-BAT/STBY SW POS IND			24-31-12	ALL
C001	C03066	CB-STBY BUS SECT 1			24-61-11	ALL
C002	C03067	CB-STBY BUS SECT 2			24-61-11	ALL
C003	C00025	CB-TR3-DC IND			24-31-12	ALL
C004	C03061	CB-BAT BUS SECT 1			24-61-11	ALL
C005	C03062	CB-BAT BUS SECT 2			24-61-11	ALL

图 4－22　线路跳开关清单举例

①Panel/Access Door(配电板/接近门)。表示线路跳开关安装在哪个配电板上的哪块接近门上。

②Description(描述)。对配电板/接近门/线路跳开关的用途和功能的简单叙述。

③Grid No(位置号)。标识线路跳开关安装的具体位置在哪一行的哪一列的交叉点。

④Ckt Bkr(线路跳开关的设备号)。线路跳开关在技术手册中的设备编号。

⑤Diagram(参考图号)。配电板/接近门/线路跳开关在线路图解手册或系统简图手册的参考章节号。

(3)设备支架清单。

设备支架清单中列出了安装在飞机上的所有设备支架,以及设备支架上安装的电子、电气设备的件号,设备支架清单根据由字母数字混合组成的设备支架编号排序,包含设备支架的描述、适用性、最大位置号和安装位置(站位)等信息,以及每个设备架上安装的插座设备号、与插座连接的导线束号、相配的插头号、与插头连接的导线束号和适用性等信息,设备架号 AB0288 内的设备号为 D04889P 的设备在设备支架清单中的解释如图 4-23 所示。

737-700/800 WIRING DIAGRAM MANUAL

Bracket No.	Description Position	Receptacle	Bundle	Plug	Bundle	Max Pos	Station / WL / BL	Effectivity
AB0237A	DISCONNECT BRACKET					003	237/201/L004	ALL
	01	D11160	W5162					ALL
	02	D11158	W5172					ALL
AB0237B	DISCONNECT BRACKET					003	241/203/L005	ALL
	01	D11164	W6162					ALL
	02	D11162	W6172					ALL
AB0250A	DISCONNECT BRACKET-					006	250/195/L002	ALL
	01	D11134	W5160					YA701-YA706, YF921-YS167
	02	D11132	W6506					YA701-YA706, YF921-YS167
	03	D10169	W6506					YA701-YA706, YF921-YS167
	04	D11130	W5506					YA701-YA706, YF921-YM471, YM481-YS167
	05	D11128	W5510					YA701-YA706, YF921-YS167
	06	D10167	W5506					YA701-YA706, YF921-YM471, YM481-YS167
AB0288	DISCONNECT BRACKET					005	288/289/0	ALL
	01	D00570	W4256					ALL
	02	D01128	W6242					ALL
	03	D04889P	W2569	D04889J	W3419			YF921-YS167
	03	D04889J	W3419	D04889P	W2589			YF921-YS167
	04	D37001J	W3701	D37001P	W3801			YF921-YF923, YK972-YK900, YN531-YS167

图 4-23　设备架清单举例

①Bracket No.(设备支架编号)。设备支架设备在技术手册中的设备编号。

②Position(位置)。标明此设备支架上所有设备的具体安装位置,如果在位置号后标示"UNUSED",说明此位置是空位。

③Receptacle(插座)。标明此设备支架上安装的插座在技术手册中的设备编号。

④Bundle[导线束编号(前面)]。标明连接安装在此设备支架上的插座上的导线束的设备编号。

⑤Plup(插头)。此插座上安装的插头的设备编号。

⑥Bundle(导线束编号)(后)。连接在此插头上的导线束的设备编号。

⑦Max Pos(最大位置号)。此设备支架的最大安装位置号。

（4）导线束清单。

导线束清单反映飞机上所安装的导线束和每根导线的相关信息，可以在导线清单中找到每根导线/电缆的编号、规格、颜色、族群、长度、始端等相关信息。导线束编号 W0018，导线编号 0006，规格 22 的导线在导线束清单中的解释如图 4-24 所示。

	BOEING								737-700/800 WIRING DIAGRAM MANUAL				
Bundle No.	Part Number			Description		From				To			
Wire No.	GA	CO TY	Fam	FT-IN	Diagram	Equip	Term	Type	Splice	Equip	Term	Type	Splice	Effectivity
W0010	286A0010			FWD GALLEY LIGHT MODULE (M01839)									
0001	20	PA		1-6	33-26-21	D11400	1			D11396	E			ALL
0002	20	PA		1-6	33-26-21	D11400	2			D11396	G			ALL
0003	20	PA		1-8	33-26-21	D11400	3			GD00100	ST.. D			ALL
0004	22	PA		1-6	33-26-21	D11400	4			D11396	D			ALL
0006	22	PA		1-6	33-26-21	D11400	6			D11396	F			ALL
0007	20	PA		1-2	33-26-21	D11396	H			GD00100	ST.. D			ALL
A-A				0-0	33-26-21	L01300	=A			D11396	J			ALL
A-B				0-0	33-26-21	L01300	=B			D11396	K			ALL
A-C				0-0	33-26-21	L01300	=C			D11396	C			ALL
A-D				0-0	33-26-21	L01300	=D			D11396	B			ALL
W0018	286A0018			P18									
0001	22	CQ		7-5	21-27-21	C01434	=L D			D40576J	23			ALL
0006	22	CQ		7-5	21-27-31	C01433	=L D			D40802J	10			ALL
0007	24	PK		6-6	21-42-11	C01274	=L D			D40802J	3			ALL
0008	20	CQ		6-4	22-11-11	C01041	=L D			D41801J	5			ALL
0009	20	CQ		7-0	22-11-11	C01045	=L D			D41803J	1			ALL
0010	20	CQ		6-10	22-11-12	C01044	=L D			D41803J	2			ALL

图 4-24　导线束清单示例

①Bundle No.（导线束编号）。导线束编号简称导线束号，在某个飞机系统中可能存在多个导线束，导线束编号由字母 W 加上 4 位数字组成，例如：W1234。

②Wire No.（导线编号）。导线编号是每一根导线/电缆的身份标注，同时也代表了导线/电缆的芯数，在一束导线束中导线编号是唯一的，例如，W1234-001,001 代表是单芯导线或单芯屏蔽电缆。

③GA（规格）。美国导线规格编号，又称为线号。

④CO（颜色）。导线/电缆的颜色，空白表示默认为白色。

⑤TY（类型代码）。导线的类型代码，由两位字母或数字组成，是查找导线/电缆件号和绝缘去除工具的依据。

⑥Fam（族群）。导线/电缆的种类或者类型。

⑦FT-IN（长度）。导线的实际长度，FT 表示英尺，IN 表示英寸。

⑧From（始端）。导线的始端终端的连接信息。

⑨Equip（设备编号）。导线连接的设备的编号。

⑩Term Type（类型）。终端类型代码。如果此位置空白，说明终端类型是普通类型，不做标注，终端类型代码用于查找终端件号。

⑪Splice（拼接数量）。拼接数量说明此接线端接了几根导线，此位置空白表示终端只连

接一根导线,此位置是 * 表示此接线端连接 2 根或 2 根以上的导线。

⑫To(终端)。导线/电缆的末端终端的连接信息。

(5)备用导线束清单。

备用导线束清单反映了在飞机上安装的备用导线束相关的信息,清单根据机载设备排序,记录了每个机载设备位置的备用导线信息,包括备用导线束的导线束编码、导线束隔离代码、设备的终端代码和导线编码等。在备用导线束清单中还有关于备用导线束的描述、设备的终端代码、设备的终端类型、安装位置(站位)和有效性等信息。设备架号 AB0340A,所对应的备用导线束在备用导线束清单中的解释如图 4 - 25 所示。

BOEING 　　　　　　　　　　**737-700/800 WIRING DIAGRAM MANUAL**

From Matewith From	Pos	Bundle	Sep	Description		To					
Equip	Term	Type	Wire No.	GA	TY	Equip	Term	Type	Matewith	Pos	Effectivity
AB0340A	**01**	**W3058**	**RN2**	**DISCONNECT BRACKET-LEFT**							
D40054J	5		0284	20	PA	D11070	CAP	Y	M01418		YA701-YA706, YF921-YM471, YM481-YM484
D40054J	5		0284	20	PA	D14376	CAP	Y	M01418		YN531-YS155
D40054J	6		0285	20	PA	D11070	CAP	Y	M01418		YA701-YA706, YF921-YM471,

图 4 - 25　备用导线束清单示例

①From Matewith(始端设备)。设备支架安装的始端设备的设备编号,这个设备编号可能代表连接器、指示器、终端接线块和其他终端设备。

②Pos(安装位置)。在设备支架上的实际安装位置。

③Bundle(导线束编号)。导线束编号简称导线束号,由字母 W 加上 4 位数字组成。

④Sep(隔离代码)。对不同功能和敏感度的导线/电缆进行标注,提醒维护工程技术人员在日常工作和系列改装时必须进行有效的隔离工作。

⑤Matewith(终端设备)。设备支架安装的终端设备的设备编号,这个设备编号可能代表连接器、指示器、终端接线块等。

(6)主导线束清单。

主导线束清单反映了在飞机上安装的主导线束相关的信息,清单根据主导线束编码按照数字排序,含有设备终端编码、安装位置、配电板编号或站位信息、与主导线束连接的连接器编号和适用性等等。导线束编号 W0018,设备号 D40218P 的主导线束在主导线束清单中的解释如图 4 - 26 所示。

图 4 - 26 　主导线束清单示例

①Location(位置)。导线束连接的终端设备实际的安装位置。

②MW Connector(主连接器)。主导线束连接的连接器(插头/插座)的设备编号。

③MW Bundle(主导线束)。飞机上安装的主要的导线束的导线束编码。

(7)接地清单。

接地清单反映了在飞机上安装的两种类型的接地结构,一种是只能在增压区域使用的接地块,另一种是在飞机所有区域使用的接线桩。在配电板和设备架上安装的特殊的接地桩不在接地桩清单之中。在飞机上安装的接地桩是按照字母排序的,接地清单记录接地桩的设备号、安装位置、终端编码、终端类型、导线束编码、导线编号、导线规格、导线颜色、参考的线路图解和适用性等相关信息。接地桩编号 GB00610 - ST,导线束编号 W0041 - 2504Z 在接地桩清单中的解释如图 4 - 27 所示。

图 4 - 27 　接地清单示例

(8)拼接头清单。

拼接头清单中包含了在飞机上安装的所有拼接头,当拼接头连接的两侧导线束编号不同时使用"SP"表示,当拼接头连接的两侧导线束编号相同时使用"SM"表示,根据拼接头的设备号可以找到与其相连的导线束编号、导线编号、导线规格、导线颜色、导线类型、终端类型、站位、参考线路图章节号和飞机的适用性等相关信息。拼接头编号 SP00104 在拼接头清单中的解释如图 4 - 28 所示。

BOEING® 737-700/800 WIRING DIAGRAM MANUAL

Splice No.	Bundle	Station / WL / BL Wire No.	GA	CO	Type	Diagram	Effectivity
SP00102		358/201/L020					ALL
	W6110	0020	20		S	33-34-11	ALL
	W6110	0030	20		S	33-34-11	ALL
	W6110	B-A			S	33-34-11	ALL
SP00104		356/202/R013					ALL
	W6110	0030	20		S	33-34-11	ALL
	W6110	0040	20		S	33-34-11	ALL
	W6110	B-B			S	33-34-11	ALL
SP00110		727+2/198/R050					YA705-YS167
	W5124	0520	20		S	27-41-12	YA705-YA706, YF921-YS167
	W5224	0518	20		S	27-41-12	YA705-YM471, YM481-YM484, YN531-YS167
SP00112		663/165/R008					ALL
	W7122	0522	18		9	29-23-11	ALL
	W8122	0510	20		9	29-23-11	ALL

图 4-28　拼接头清单示例

（9）终端清单。

终端清单中包含了在飞机上安装的所有终端（包括接线带）的设备号、设备件号、设备件号的描述、终端编号、终端类型以及与终端相连的导线的导线束编码、导线编号、导线规格、导线颜色、站位等相关信息。接线柱编号 T1202 在终端清单中的解释如图 4-29 所示。

BOEING® 737-700/800 WIRING DIAGRAM MANUAL

Terminal No.	Fix	Part Number Term	Type	Bundle	Wire No.	GA	Station / WL / BL CO	Diagram	Effectivity
TB1202		S280W601-301 (continued)					E001-02/ /		ALL
TB1202	Y	S280W555-104 (continued)					E001-02/ /		ALL
TB1202	Z	S280W555-108 (continued)					E001-02/ /		YN531-YN534
	Y	A003	1A	W0121	0070	24		34-53-11	ALL
	Y	A003	1A	W0121	0071	24		34-53-11	ALL
	Y	A009	1A	W0121	2500R	24		34-53-11	YN531-YN534
	Y	A009	1A	W0121	2516R	24		31-31-13	YN531-YN534
	Y	A009	1A	W0121	2518R	24		34-53-11	YN531-YN534
	Y	A017	1A	W0121	2005R	24		34-45-21	YF921-YK980, YS151-YS167
	Y	A017	1A	W0121	2062R	24		34-45-21	YF921-YK980, YN531-YS167
	Y	A017	1A	W0121	2064R	24		34-45-21	YF921-YK980, YN531-YS167

图 4-29　终端清单示例

①Terminal No.（终端编号）。终端的设备编号（简称设备号）。

②Fix（工件夹具编码）。拆卸终端需要的工夹具的设备编号，通过工具设备图解手册可以找到该设备编号对应工夹具的名称和使用说明等信息。空白表示拆卸该终端不需要任何工夹具设备。

（10）连接清单。

连接清单中包含了除接地、拼接头、终端柱和单相线路跳开关以外的在飞机上的所有终端的连接，在清单中根据设备号可以找到与其相连的导线的导线束编码、导线编号、导线规格、导线颜色、终端编号，以及终端类型、参考线路图章节号和飞机的适用性等相关信息。设备号 C00104，导线编码 W0020-6018-12 在连接清单中的解释如图 4-30 所示。

BOEING   737-700/800 WIRING DIAGRAM MANUAL

Equip	Term	Station / WL / BL Type	Bundle	Description Wire No.	GA	CO	Diagram	Effectivity
C00104		P018-03/ /F013		CB-LAVATORY WATER HEATER A				ALL
	=B	D	W0020	ZZCC	00		24-51-11	YA701-YA704
	=B	D	W0020	ZZBO	04		24-51-11	YA701-YA720
	=B	D	W0020	6018	12		24-51-11	YA701-YA720, YM471, YM481-YM484
	=B	D	W0020	ZZAL	00		24-51-11	YA705-YA720, YM471, YM481-YM484
	=B	D	W0020	ZZAL	00		24-51-12	YF921-YK980 YM472-YM480, YM485-YS 167
	=B	D	W0020	ZZDK	03		24-51-12	YF921-YK980 YM472-YM480, YM485-YS 167
	=B	D	W0020	6080	12		24-51-12	YF921-YK980 YS151-YS167
	=B	D	W0020	ZZDK	03		24-51-11	YM471, YM481-YM484
	=L	D	W0020	6018	12		24-51-12	YM472-YM480, YM485-YN534
	=L	D	W0018	0361	22		38-21-11	ALL
C00107		P018-02/ /D007		CB-VOICE RCDR				YA701-YN534
C00107		P018-02/ /D007		CB-VOICE RCDR (INOP)				YS151-YS167

图 4-30 连接清单示例

3.线路图解手册查找方法

线路图解手册查找方法有两种:直接查找法和利用各种清单查找法。

1)直接查找法

已知航线可更换件(LRU)名称或相关内容在线路图解手册中的章节号,可以直接使用章节目录进行查阅。

步骤 1:确定信息的英文关键词,判定信息可能在的 ATA 章节。

步骤 2:核对飞机的有效性代码。

步骤 3:检查临时改版清单有无该信息的临时改版记录。

步骤 4:通过目录找到关键词所在的节或子系统。如果是电子版的手册,还可以通过软件自带的搜索功能输入关键词进行过滤和筛选。

步骤 5:在线路图解手册根据飞机的适用性找到需要的图纸。

2)利用各种清单查找法

根据导线/电缆的标记、LRU 组件的设备号、终端的设备号、连接器的件号等所有与导线/电缆相关的部件的编号在线路图解手册中找到相关内容所在位置。

步骤 1:核对飞机的有效性代码。

步骤 2:根据信息的英文关键词,确定需要查找的清单。

步骤 3:在清单中找到该信息的飞机的适用性和线路图解手册章节号。

步骤 4:检查临时改版清单有无该信息的临时改版记录。

步骤 5:根据清单中的章节号,在线路图解手册根据飞机的适用性找到需要的图纸。

4.3　标准线路施工手册

安全可靠性高、维护工作简便是现代大型民用航空器的重要特征,飞机的安全可靠性不仅仅体现在机械系统上,同时也体现在电气线路系统上,为保证飞机电气线路系统的安全可靠性,飞机电气线路维护施工需使用标准线路施工手册(standard wiring practices manual,SWPM)中的方法、工具和材料。

1.标准线路施工手册基础知识

标准线路施工手册的内容分为目录、前言、正文三个部分。目录是多层次的。前言包括重要信息、手册介绍和索引,重要信息是指手册版本更新的情况介绍。索引关联到手册正文的每个章节,分为字母索引、件号索引、生产厂商索引和数字索引。

2.标准线路施工手册内容介绍

标准线路施工手册是飞机制造厂商提供的关于电气线路敷设与防护,各种终端的制作与安装,系统电气线路检查、清洁和修理的技术手册。手册中记录了电气线路维护所需要的重要数据、环境要求、装配程序以及安装设备的使用说明等相关信息,维护人员可以依据手册完成电气线路维护工作。

1)导线/电缆

(1)导线、电缆的分类。常用导线、电缆的分类如图 4-31、图 4-32 所示。

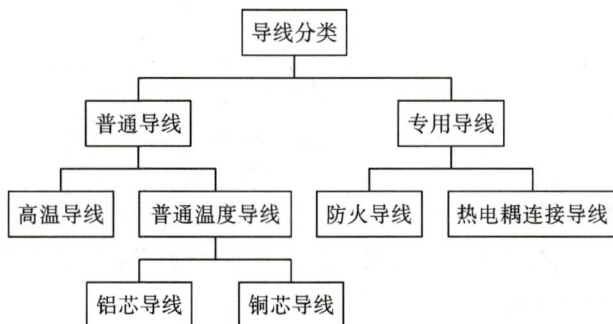

图 4-31　常用导线的分类

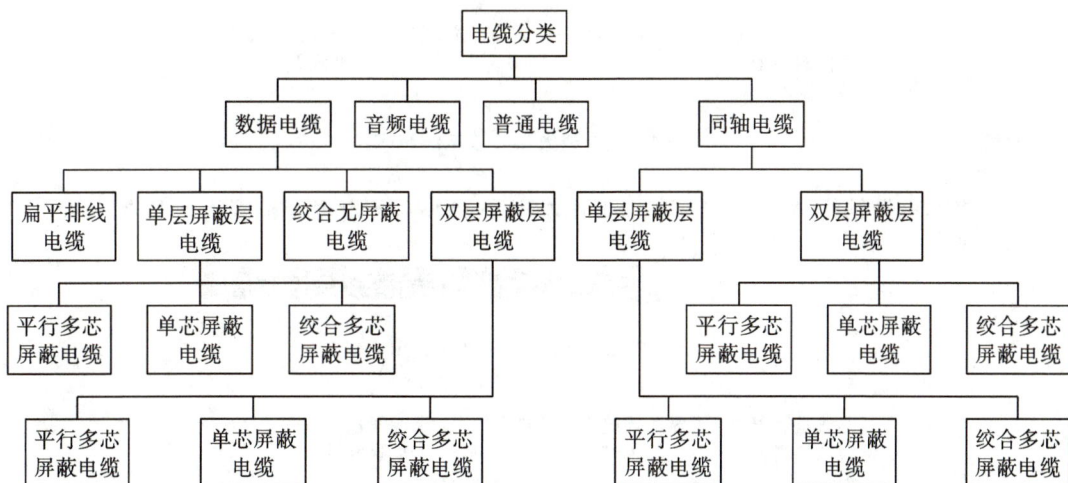

图 4-32　常用电缆的分类

（2）导线/导缆的选用原则。在选用导线/电缆时，要考虑到导线/电缆绝缘等级和安装环境的温度等级。例如，环境温度 105 ℃属于常温区域。环境温度 250 ℃属于高温区域。

（3）导线/电缆的结构、性能。

①铜导线结构举例（图 4-33），工作电压为 600 V，环境温度范围为－60 ℃～250 ℃。

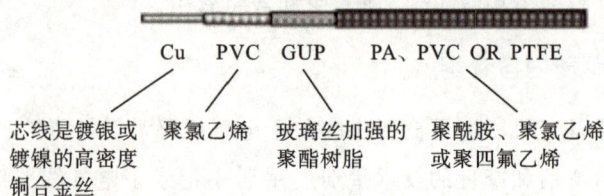

Cu   PVC   GUP   PA、PVC OR PTFE

芯线是镀银或   聚氯乙烯   玻璃丝加强的   聚酰胺、聚氯乙烯
镀镍的高密度   聚酯树脂   或聚四氟乙烯
铜合金丝

图 4-33　导线结构

②铝导线结构举例（图 4-34），工作电压为 600 V，环境温度范围为－55 ℃～250 ℃。

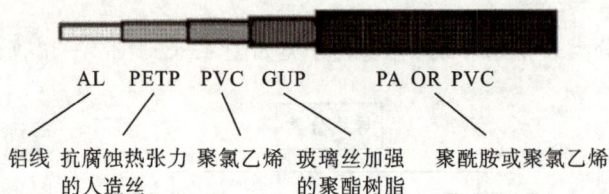

AL   PETP   PVC   GUP   PA OR PVC

铝线 抗腐蚀热张力 聚氯乙烯 玻璃丝加强   聚酰胺或聚氯乙烯
     的人造丝   的聚酯树脂

图 4-34　铝线结构

③屏蔽数据防波电缆结构举例（图 4-35），工作电压为 600 V，环境温度范围为－65 ℃～250 ℃，这种电缆是机载计算机的数据电缆，屏蔽防波层的作用是防止机载计算机数据总线之间互相干扰。

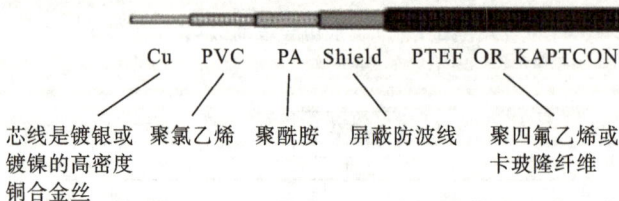

Cu   PVC   PA   Shield   PTEF OR KAPTCON

芯线是镀银或 聚氯乙烯 聚酰胺 屏蔽防波线   聚四氟乙烯或
镀镍的高密度   卡玻隆纤维
铜合金丝

图 4-35　屏蔽数据防波电缆结构

④多芯电缆结构举例（图 4-36），工作电压为 600 V，环境温度范围为－65 ℃～250 ℃。

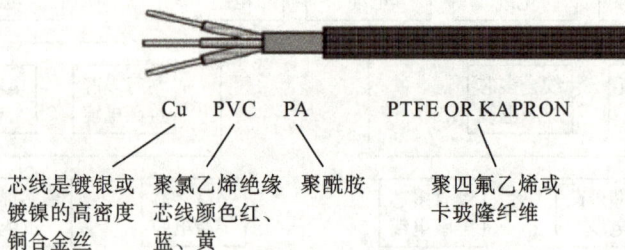

Cu   PVC   PA   PTFE OR KAPRON

芯线是镀银或 聚氯乙烯绝缘 聚酰胺   聚四氟乙烯或
镀镍的高密度 芯线颜色红、   卡玻隆纤维
铜合金丝   蓝、黄

图 4-36　多芯电缆结构

（4）导线/电缆标记。导线/电缆标记可供维护人员在日常维护工作中检查电路和排除航空器故障时辨认导线或电缆、查找导线/电缆件号和查找绝缘去除工具。该标记是以"W"字母开头，后面跟着导线束编号、导线编号、导线颜色、导线规格等信息的编码（图4-37）。在同一导线束中导线的编号具有唯一性，可以代表这根导线的种类或族群。

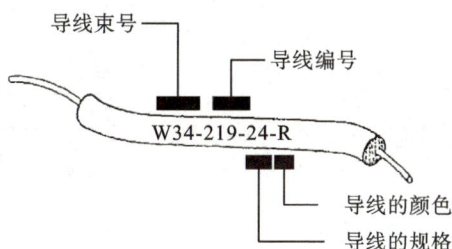

图4-37　导线/电缆标记

（5）导线束的捆扎、防护与敷设。

　　①飞机振动等级与导线束捆扎之间的关系。在波音系列飞机上振动区域可分为3个级别（图4-38），振动等级1为增压区域，振动等级2为高振动区域，振动等级3为高温高振动区域。

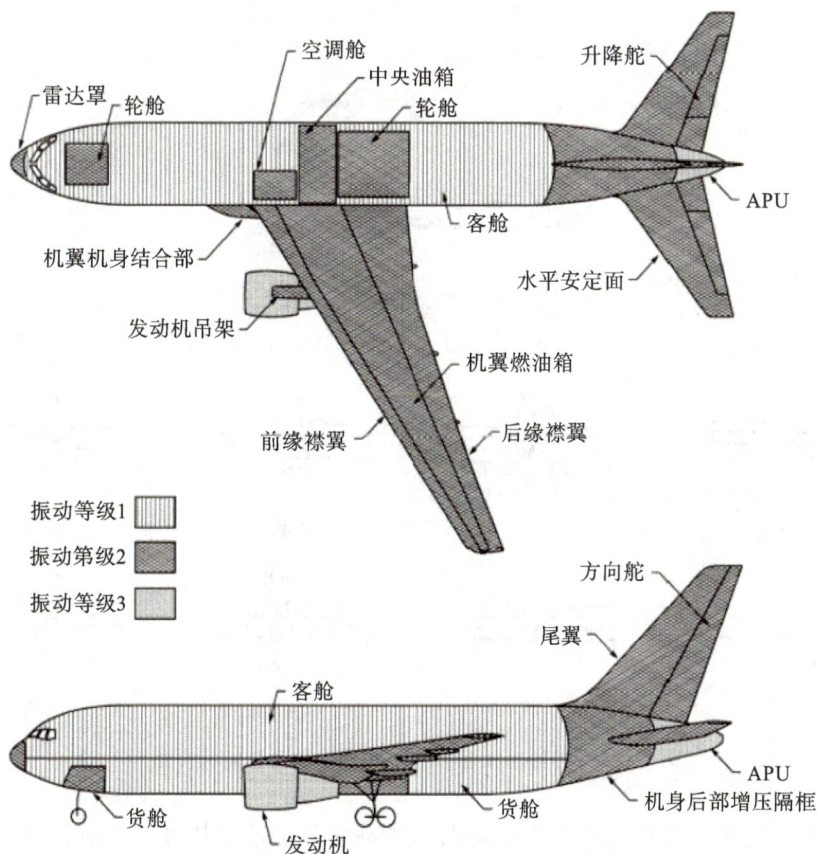

图4-38　飞机振动区域等级

②捆扎线捆扎施工方法和要求。振动等级1级区域(增压区域)的导线束可以使用直角结(图4-39)和平结(图4-40)捆扎。振动等级2级区域(高振动区域)的导线束必须使用防滑直角结(图4-41)和防滑平结(图4-42)捆扎。振动等级3级区域(高温高振动区域)的导线束必须使用防滑直角结(图4-43)捆扎。

拉紧这个绳结 —— 直角结

图 4-39　增压区域直角结捆扎方法

拉紧这个绳结 —— 平结

图 4-40　增压区域平结捆扎方法

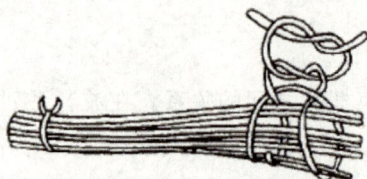

图 4-41　高振动区域防滑直角结捆扎方法

图 4-42　高振动区域防滑平结捆扎方法

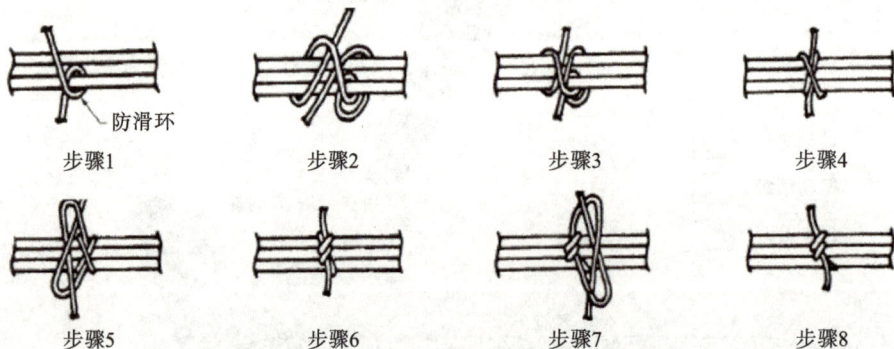

防滑环

步骤1　　　　步骤2　　　　步骤3　　　　步骤4

步骤5　　　　步骤6　　　　步骤7　　　　步骤8

图 4-43　高温高振动区域防滑直角结分步捆扎方法

③塑料尼龙拉带捆扎施工方法和要求。塑料尼龙拉带捆扎过程中应使用拉带枪,先根据导线束直径选择塑料尼龙拉带的型号,再根据塑料尼龙拉带的型号选择拉带枪,拉

带枪的使用方法如图 4-44 所示。注意:塑料尼龙拉带只能在飞机中温度等级为 A/B的增压区域内使用,飞机的燃油箱区域、非增压区域、高振动区域、温度等级 C/D 区域、容易磨损的区域和机械传动区域等区域禁止使用塑料尼龙拉带捆扎导线束。

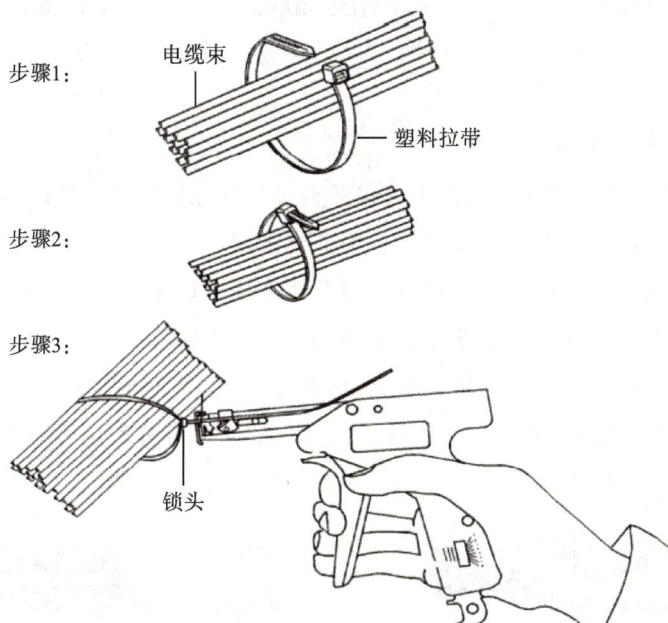

图 4-44 拉带枪的使用方法

④滴水环结构(图 4-45)。安装滴水环是为了防止液体顺着导线束直接流到插头内部造成短路,致使系统故障。

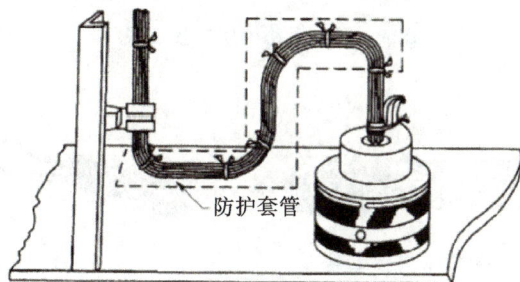

图 4-45 滴水环结构

⑤导线束的敷设与支撑。导线束的敷设与支撑装置包括卡子(图 4-46)和支架(图 4-47)。

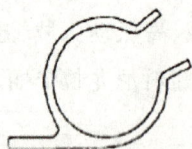

图 4-46　环型卡子

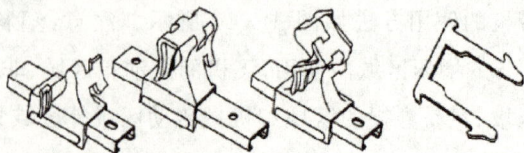

BACS31J2　BACS31J3　BACS31J4　BACS31J5 CLIP

图 4-47　卡子支架

2)标准线路施工工具

在电气线路标准施工工作中使用的工具包括夹接工具、退送工具、导线绝缘层去除工具、热缩工具等,这些工具在电气线路标准施工中起着重要作用。

(1)夹接工具。夹接工具按驱动方式可分为手动夹接工具和动力夹接工具(图 4-50、图 4-51)。其中手动夹接工具包含标准手动夹接工具(图 4-48)和手动模块夹接工具(图 4-49)两种类型,根据结构形式可分为短柄夹接工具、长柄夹接工具、T 形头夹接工具等;动力夹接工具又分为气动夹接工具和液压夹接工具。夹接工具按功能用途可分为接线片和拼接头夹接工具、插钉/插孔夹接工具(图 4-52)等。

图 4-48　手动夹接工具

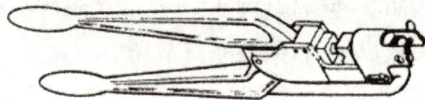

图 4-49　手动模块夹接工具

图 4-50　气动夹接工具　　图 4-51　液压夹接工具

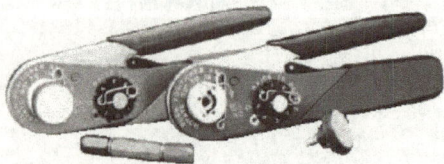

图 4-52　插钉/插孔夹接工具

（2）退/送工具（图4-53）。该类型工具主要用于插钉、插孔等连接器的拆卸（退出）和安装（送入）作业，是导线端接和维修工作中的常用辅助工具。

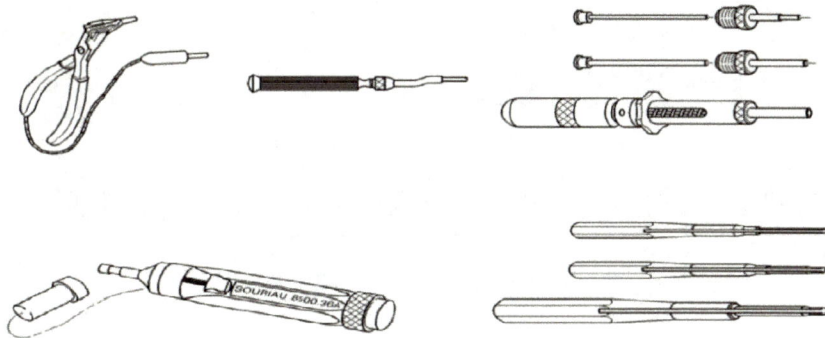

图4-53　退/送工具

（3）绝缘层去除工具。去除导线/电缆绝缘层是电气线路标准施工中最基本的工作内容，每种类型的导线/电缆都有与其配套的绝缘去除工具，在实际工作中，正确选用和使用绝缘去除工具是一个基本技能。常用的绝缘层去除工具剥线钳的操作程序如图4-54所示，只需更换不同类型的刀片就可完成多种类型导线的绝缘层去除工作。

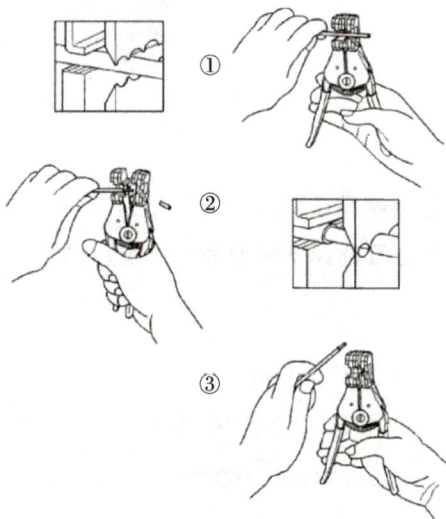

图4-54　剥线钳的操作程序

如果在实际工作中找不到合适的绝缘去除工具，也可以使用专用剥线小刀、单面刀片、壁纸刀和手术刀等工具作为替代，如图4-55所示。

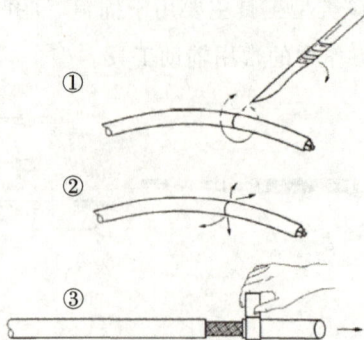

图 4-55　使用替代工具切除电缆绝缘层

（4）热缩工具。维护人员在进行日常维护工作、故障排除工作和导线/电缆修理工作时，需要经常使用热缩管、冷缩管、绝缘防磨胶带、防护套管、填充物和捆扎线等消耗材料，这些消耗材料是根据温度等级和耐腐蚀等级来选择的，其中热缩管需要使用热风枪（图 4-56）进行施工。

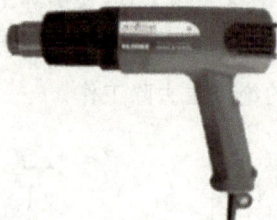

图 4-56　热风枪

（5）接线片。接线片用于连接需要经常拆卸的终端，在电路中起到连接通路的作用。在维护工作中，要根据导线束的安装位置选择不同型号的接线片，如图 4-57 所示。

BACT12AC( )普通接线片

BACT12M( )高温非绝缘接线片

图 4-57　接线片

3）常用继电器

继电器（图 4-58）是一种电子控制器件，主要用于航空器的自动控制电路中，它实际上是用较小的电流去控制较大电流的一种"自动开关"，在电路中起着自动调节、安全保护、转换电路等作用。常用继电器的种类有电磁继电器（直流电磁继电器、交流电磁继电器）、磁保持继电器、极化继电器、舌簧继电器、时间继电器、温度继电器、风速继电器、加速度继电器等。

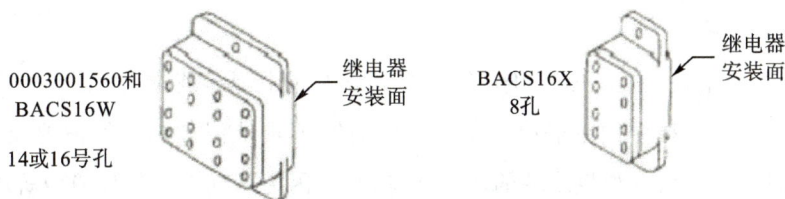

图 4-58 继电器

4）线路跳开关、指示灯及开关组件

（1）线路跳开关。线路跳开关是一种类似空气开关的小型按钮式自动保险开关，用于电子/电气系统的过载保护和短路保护，也可以在飞机维护时用于隔离飞机各个系统，是飞机配电系统的重要组成部分。线路跳开关分为单相跳开关、三相跳开关和遥控跳开关三类。

在飞机上，线路跳开关主要集中在驾驶舱、电子舱和电子/电气设备舱的配电板上，正常情况下，若维护工作需要断开电路电源，可人工将线路跳开关推拉按钮拔出，并在警告牌上注明"不允许闭合这个跳开关，必须在维护工作结束后方能闭合"。需要恢复电源时，将推拉按钮按下即可。当电路发生过载或短路现象时，线路跳开关内部的双金属片受热变形使线路跳开关自动跳起，切断电路电源，同时推拉按钮在弹簧的作用下弹出，显露出白色标志圈，表示该电路故障，线路跳开关已跳开。

（2）配电板指示灯组件。配电板指示灯分为 3 种类型：TYPE 1 型（图 4-59）、TYPE 2 型（图 4-60）和 TYPE 3 型（图 4-61），在驾驶舱中使用频率最高的是 TYPE 1 型指示灯。

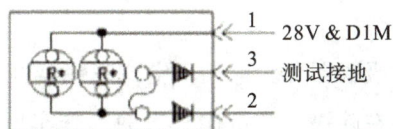

图 4-59 TYPE 1 型指示灯内部原理图

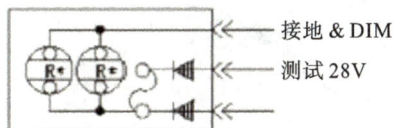

图 4-60 TYPE 2 型指示灯内部原理图

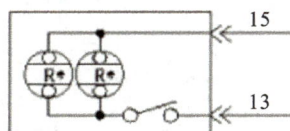

图 4-61 TYPE 3 型指示灯内部原理图

5)焊接主要工具

(1)电烙铁。电烙铁(图4-62)用于在日常维修工作中焊接终端,需要根据终端的大小选择合适的功率。推荐选择使用带静电防护的、恒温的、能调节温度的无线恒温充电式电烙铁。电烙铁的工作温度需要根据焊接终端的使用环境选择,因为不同温度的环境中所用的焊锡丝不同,相应地,电烙铁的加温温度也有所区别。

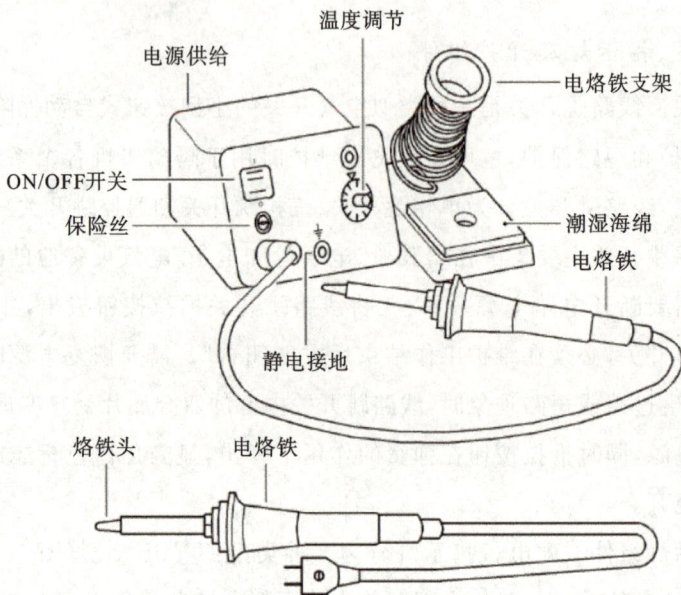

图4-62　电烙铁

(2)真空式吸锡器。真空式吸锡器分为电动真空式吸锡器和手动真空式吸锡器(图4-63)两大类,电动真空式吸锡器主要在除锡工作量比较大的工作车间使用,手动真空式吸锡器主要在除锡工作量不大的工作车间、学校和实验室使用。

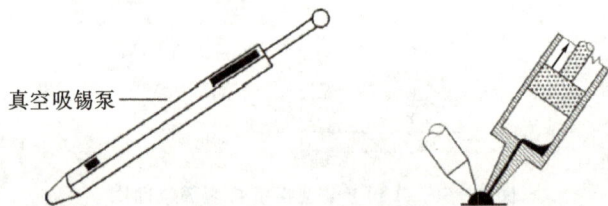

图4-63　手动真空吸锡器

6)连接器插钉/插孔焊接

常用焊接式航空插头/插座分为两类。一类是插钉/插孔与插座/插头一体的,插钉/插孔只能在插头/插座上进行焊接工作(图4-64),对应的焊接插钉/插孔类型属于包容式焊接插钉/

插孔类型(图4-65);另一类是使用专用工具可以从插头/插座上将插钉/插孔退出来,等插钉/插孔焊接工作完成后再送入插头/插座(图4-66),对应的焊接插钉/插孔类型有包容式焊接插钉/插孔类型和嵌入式焊接插钉/插孔类型(图4-67)。

图4-64　插钉/插孔与插座/插头一体

图4-65　插钉/插孔与插座/插头分离

图4-66　包容式焊接插钉/插孔

图4-67　嵌入式焊接插钉/插孔

7)光纤的检查、清洁与测试方法

光纤通信的必要性在于减轻飞机内通信系统的重量、减小通信设备体积。为了更大限度地减轻重量、减小体积,还可充分利用光纤的宽带特性以及采用多路传输技术等来减少线缆的数量,并在光收发信机和多路传输回路中引入混合集成电路和大规模集成电路,使设备更加小型化。

(1)光纤检测设备。手持式光缆端面检测仪(图4-68)可以通过视频设备对光缆端面进行检查,有使用外接电源和使用自带电池两种型号。通过操作手柄上的开关可以在显示屏上放大和缩小探头检测的图像、控制光缆端面图像检测仪打开和关闭、设置不同的操作时间和对比控制,以及显示电池状态等。

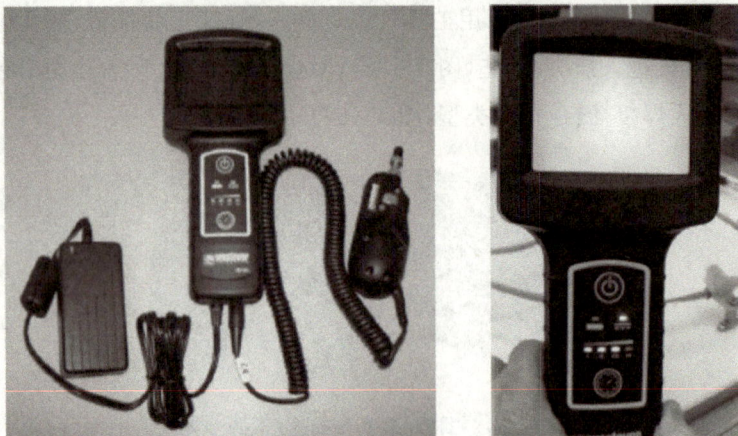

图 4-68　手持式光缆端面检测仪

（2）光缆端面清洁方法。光缆端面清洁有干擦拭、湿擦拭、用清洁笔清洁和用清洁系统清洁4种方法。

①干擦拭。脱开连接器，使用棉签在插头/插座光纤电缆圆形端面来回轻轻擦拭（图 4-69）。每个棉签只能使用一次，擦拭时不要用力过大，用力过大会导致圆形端面划伤。检查插头/插座光纤电缆圆形端面，如果污染仍然存在，用新的棉签重复上述清洁程序或尝试采用湿擦拭。所有光纤电缆圆端面清洁完成后，立即在插头/插座上安装清洁的防尘帽或将其放在干净的胶袋内。

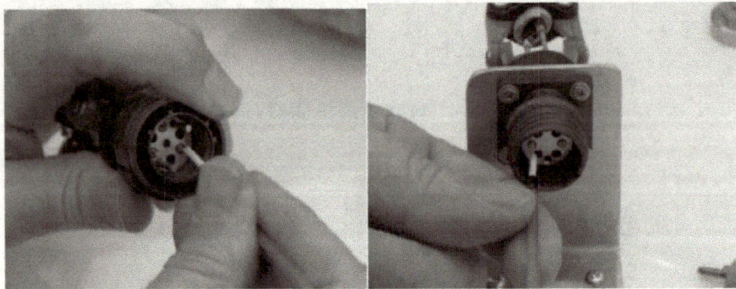

图 4-69　连接器端面干擦拭

②湿擦拭。脱开连接器，棉签末端蘸取少量的溶剂，在插头/插座光纤电缆圆形端面来回轻轻擦拭（图 4-70）。每个棉签只能使用一次，擦拭时不要用力过大，用力过大会导致圆形端面划伤。等待插头/插座光纤电缆圆形端面自然风干，如果无法自然风干，可以使用灌装压缩空气吹干或使用干棉签擦干。再次检查插头/插座光纤电缆圆形端面，如果污染仍然存在，用新的棉签重复上述清洁过程。所有光纤电缆圆端面清洁完成后，立即在插头/插座上安装清洁的防尘帽或将其放在干净的胶袋内。

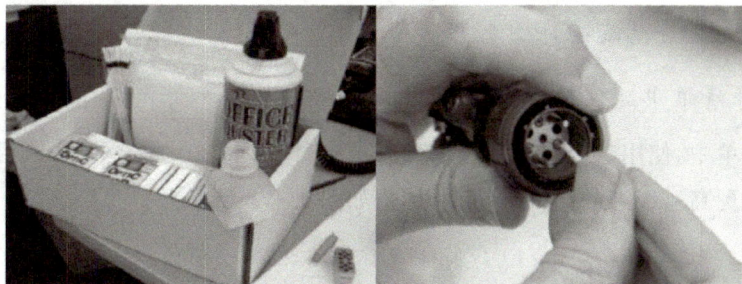

图4-70　连接器端面湿擦拭

③清洁笔。清洁笔是一种机械清洁工具(图4-71),使用干布束材料从光纤端面上除去污染。清洁笔的清洁尖端的导盖和盖覆盖可拆卸,清洁笔有一个指示器窗口来查看清洁材料的余量,按钮可以操作清洁材料延伸或收回。

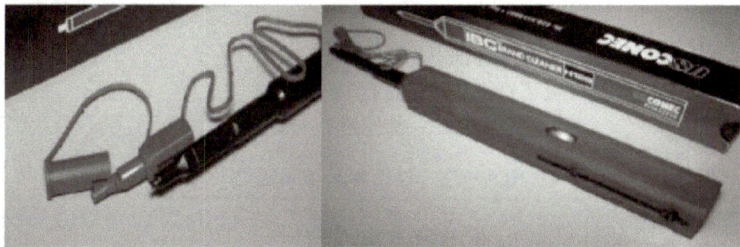

图4-71　清洁笔

④清洁系统。清洁系统是一台便携式的设备(图4-72),使用该设备可以同时完成光纤电缆端面视觉检查和清洁。清洁系统设备内部装有清洁剂存储罐和压缩机,压缩机给清洁剂进行加压,以产生冲洗纤维表面的射流,从而去除光纤电缆端面的污染。

图4-72　清洁系统设备介绍

4.4　零件图解目录手册

零件图解目录(illustrated parts catalog,IPC)符合美国航空运输协会ATA100规范,是一本客户化的手册,它包括飞机上的所有零部件的件号,帮助飞机维护人员对飞机上的标准件的识别、确认、更换和查找,以及航材部门的订货、存储和发料。在维护工作中配合飞机维护手册(AMM)使用。

1.零件图解目录手册基础知识

零件图解目录手册分为 Front matter(前言)和飞机系统章节(ATA21-ATA80)两部分。其中前言部分的手册适用机型清单、页有效性清单、改版记录、临时改版记录和服务通告清单在前文中已经做出了介绍,这里不再重复介绍。

2. 零件图解目录手册内容介绍

1)详细件号清单中的件号缩进系统

详细件号清单中,使用数字显示一个部件与其他部件之间的关系,根据项目号数字定义安装在该部件上的更高一级别的组件或零件,结构如图4-73所示。

```
1 2 3 4 5 6 7  安装
·详细部件安装
·装配
·辅助部件装配
----------------
··详细下的部件装配
··下一部件装配
··辅助下一部件装配
----------------
···详细下一部件装配
···下一部件的下一部件装配
···辅助下一部件的下一部装配
```

图4-73　详细件号清单结构

详细下一部件的下一部件装配以此类推不再介绍。

2)件号字母索引表介绍

件号字母索引表中按字母顺序列出了已知航线可更换件的件号,通过索引可以在零件图解目录中找到该零件的具体安装位置、替代件号、生产厂商代码、分解图和名称等信息(图4-74)。

PART NUMBER CH-SECT-UNIT-FIG-ITEM	TTL. REQ.	PART NUMBER CH-SECT-UNIT-FIG-ITEM	TTL. REQ.	PART NUMBER CH-SECT-UNIT-FIG-ITEM	TTL. REQ.	PART NUMBER CH-SECT-UNIT-FIG-ITEM	TTL. REQ.	PART NUMBER CH-SECT-UNIT-FIG-ITEM	TTL. REQ.
								AABREP3M4 -- AB4E27FN	
AABREP3M4		AA7693-128D1A		ABR3M110		ABR4M104		ABW10V5-12C	
22-11-29 01	28	29-11-61 01	305	52-31-51 02	65 RF	22-11-26 01	95 RF	54-51-51 08	485 RF
AACREP4H6FS570		29-11-61 01	805	52-31-51 02B	75 RF	ABR4M104B		54-51-51 08	590 RF
32-44-11 06	30	AA7693-128D2A	1	52-31-51 03	60 RF	22-11-25 01	35 RF	54-51-51 08B	555 RF
32-44-11 06	65	29-11-61 01	190 1	ABR3M112		22-11-25 01	65 RF	54-51-51 08B	675 RF
32-44-11 06	120	29-11-61 01	690 8	27-41-51 01	40 RF	22-11-26 01	45 RF	57-12-00 05	325 RF
AACREP4H8FS570		AA820-04		27-41-51 02	40 RF	22-11-26 01	95 RF	57-12-00 33	140 RF
27-31-34 04	175 AR	27-41-51 02	363 1	ABR3M3G		ABR4M119		ABW10V5C	
27-31-34 08	180 AR	52-61-10 62A	95 AR	27-41-51 01	45 RF	27-61-21 02	65 RF	57-12-00 05	325 2
AACREP4M4-3		AA821-08		27-41-51 01	45 RF	27-61-21 01	125 RF	57-12-00 33	140 2

图4-74　件号字母索引表介绍

3)件号数字索引表介绍

件号数字索引表中按数字顺序列出了已知航线可更换件的件号(图4-75)。适用于已知完整件号或数字部分时的快速检索。

0-123-000400000　--　0BA8

PART NUMBER CH-SECT-UNIT-FIG-ITEM	TTL. REQ.	PART NUMBER CH-SECT-UNIT-FIG-ITEM	TTL. REQ.	PART NUMBER CH-SECT-UNIT-FIG-ITEM	TTL. REQ.	PART NUMBER CH-SECT-UNIT-FIG-ITEM	TTL. REQ.	PART NUMBER CH-SECT-UNIT-FIG-ITEM	TTL. REQ.
0-123-000400000		0A226-0030A		0A296-0293		0BA8		0BA8	
25-31-60 02　272	1	25-11-01 51　160	RF	25-11-51 57　240	2	25-24-31 18D　220	RF	25-24-31 36B　555	RF
25-31-60 02　272	4	0A226-0031A		25-11-51 57A 240	2	25-24-31 19　225	RF	25-24-31 36B　555	RF
0-132-001800000		25-11-01 50A 555	1	0BA7		25-24-31 19　225	30	25-24-31 36B　560	RF
25-31-60 02　350		25-11-01 51　1	RF	25-64-00 67　25	8	25-24-31 19　225	RF	25-24-31 36F　545	40
0-5-404-604		0A226-0032A		0BA8		25-24-31 19　240	RF	25-24-31 36F　545	RF
25-31-60 04　65	34	25-11-01 50A 560	1	25-24-31 14　275	3	25-24-31 20　274	1	25-24-31 36F　550	RF

图 4-75　件号数字索引表介绍

4）详细零件清单结构和说明

详细零件清单是零件图解目录中最重要的部分，它记述了所有零件的必要信息，是查找的最终目标。清单由五列内容组成，如图 4-76 所示。

图 4-76　详细零件清单结构

第一列，FIG ITEM（图号/项目号栏），示例中图号是 43A，项目号是 955，图号/项目号与安装图纸上的标识是完全对应的。

第二列，PART NUMBER（件号栏），件号可能是航空器制造厂商提供的件号，也可能是部件制造厂商提供的件号或标准件号，示例中的件号是波音公司标准件号 BACC63CE22－2P 插头。

第三列，NOMENCLATLRE（命名解释栏），说明该图或零件的名称、装配信息、供应厂商代码、供应厂商件号、设备编号、其他手册参考章节和与其相关信息等，同时还提供了件号缩进系统编码标识，示例中零件的名称是 PLUG（插头），设备号是 D11740，具体内容参见 WDM29-22-11。

第四列，EFFECT FROM TO（有效性栏），解释了适应某些部分或全部机型的飞机，示例适用于 607-700 部分飞机，其他飞机不适用，如果此栏中空白说明适应全部此机型的飞机。

第五列数量栏 UNITS PER ASSY（安装数量），示例中安装数量为 1，表示这种插头在飞机上一共安装 1 个。

3. 零件图解目录查询的方法和步骤

在实际维护工作中,飞机维护工程技术人员使用零件图解目录通常会遇到两种情况:一种是已知零件的名称或零件在飞机系统中的位置,需要借助零件图解目录来查找零件的件号(Part Number);另一种是已知件号,但需要根据件号来确定零件在飞机系统中的装配位置和安装顺序。

1)未知件号查询

已知零件的名称或零件在飞机系统中的位置,要借助各章节目录(Table of Contents)进行查阅。

步骤1:查找相关信息之前,首先确定信息的英文关键词(Keyword),根据信息的英文关键词,判定信息可能在的 ATA 章节。

步骤2:根据相关信息确定该架飞机的有效性代码。

步骤3:检查临时改版清单中有无相关信息的临时改版记录。

步骤4:根据相关信息找到该章的目录,通过关键词在目录找到关键词所在的节或子系统。如果是电子版的手册,还可以通过软件自带的搜索功能输入关键词进行过滤和筛选。

步骤5:在零件图解目录手册中,安装图是按字母顺序排列的,找到零件所在图的标题,根据索引翻到此图,在图示中找到零件,记下零件的项次号。

步骤6:在详细零件清单中根据项次号查出零件对应的件号,注意件号的互换性情况、有效性及数量。

2)已知件号查询

已知件号,需要根据件号来确定零件在飞机系统中的装配位置和安装顺序,可以根据零件图解目录的件号索引进行查询。零件图解目录的件号索引分为两个部分:件号字母索引表和件号数字索引表。若件号的首位是字母,则查件号字母索引表。若件号首位是数字,则查件号数字索引表。根据已知的零件件号,在编号索引中查到该件号,记下对应的 CHAPTER - SEC-TION - UNIT - FIG - ITEM(章号-节号-目号-图号-项次号),然后据此信息在零件图解目录手册中查询安装图和详细零件清单,根据项次号在图中找到零件,在清单中确认零件的名称。

步骤1:根据已知件号在零件图解目录件号字母索引表或件号数字索引表找到 CHAPTER - SECTION - UNIT - FIG - ITEM(章号-节号-目号-图号-项目号)。

步骤2:根据相关信息的章号-节号确认该架飞机的有效性代码。

步骤3:检查临时改版清单有无相关信息的临时改版记录。

步骤4:根据相关信息的章号-节号-目号-图号-项次号,找到零件所在图的标题,翻到此图,根据项目号在图示中找到零件。

步骤5:在详细零件清单中根据项次号查出零件对应的件号,注意件号的互换性情况、有效性及数量。

工作任务

◉ 任务 1　已知关键词查找

任务情境

根据英文关键词找到相关信息所在的节或子系统,确定主题部分和页区,从而找出所需内容。如果是电子版的手册,还可以通过软件自带的搜索功能输入关键词进行过滤和筛选。

任务描述

查找安装 B737－800 机型 B－2641 飞机主起落架机轮轮轴螺帽的力矩要求。

任务分析及执行

1.概述

(1)本程序包含定期维护任务数据。

(2)该程序有下列任务：

　　①英文关键词的快速识别。

　　②根据关键词在 AMM 手册中快速查找。

2.英文关键词的快速识别

本程序是例行维护任务,需要掌握相关专业英语词汇。

3.根据关键词在 AMM 手册快速查找

1)参考

已知关键词的查询方法。

2)位置区域

区域:左主起落架、右主起落架。

3)程序

步骤 1:根据任务描述可以确定所查问题在 ATA32 章起落架系统。

步骤 2:根据 B737－800 机型 B－2641 飞机信息在飞机维护手册的前言(FRONTMAT-TER)中确定该架飞机的有效性代码是 001。

步骤3：检查临时改版清单中有无ATA32章起落架系统主起落架机轮轮轴螺帽安装力矩的临时改版记录。

步骤4：查询32章的目录，确定问题属于32-4X节的机轮与刹车。

步骤5：机轮的英文为tire，轮轴螺帽的英文为axle nut。在32章目录中，从32-40-00开始查找，判断问题属于32-45-11主起落架机轮和轮胎。

步骤6：分析只有在安装主机轮时才需要磅力矩这样的程序要求，故答案应在页区401-499拆装部分。进入32-45-11的401页区，这部分内容包括主机轮的拆卸程序和安装程序。在机轮装配图中可找到轮轴螺帽[Figure 401 或 Figure 402(Sheet 1 of 2)/32-45-11-990-802 main Gear Wheel Installation]的施工程序和重要数据。

▶ 任务 2　已知任务代码查找

任务情境

根据相关信息找到该章的目录（Table of Contents）和页区，使用飞机维护工作的支持系统（airplane maintenance task-oriented support system，AMTOSS）任务代码，在飞机维护手册（AMM）中快速找到对应的章节页的信息。如果是电子版的手册，还可以通过软件自带的搜索功能输入任务代码进行过滤和筛选。

任务描述

查找安装 B737-800 机型 B-2641 飞机上主起落架机轮轮轴螺帽的力矩要求，飞机维护工作的支持系统（AMTOSS）任务代码是（AMMTASK 32-45-11-400-801）。

任务分析及执行

1. 概述

（1）本程序包含定期维护任务数据。

（2）该程序有下列任务：

　　①任务代码的快速识别。

　　②根据任务代码在 AMM 手册中快速查找。

2. 任务代码的快速识别

本程序是例行维护任务，需要掌握任务代码结构组成及含义。

3. 根据任务代码在 AMM 手册快速查找

1）参考

已知任务代码的查询方法。

2）位置区域

区域：左主起落架、右主起落架。

3）程序

步骤 1：根据已知的飞机维护工作的支持系统（AMTOSS）任务代码（AMMTASK 32-45-11-400-801 的前 3 组数字得到 ATA 100 章节号，可以确定所查问题在 ATA 32 章起落架系统。

步骤 2：根据 B737 - 800 机型 B - 2641 飞机信息在飞机维护手册的前言（FRONTMAT-TER）中确定该架飞机的有效性代码是 001。

步骤 3：检查临时改版清单中有无 ATA32 章起落架系统主起落架机轮轮轴螺帽的力矩的临时改版记录。

步骤 4：根据飞机维护工作的支持系统（AMTOSS）任务代码（AMMTASK 32 - 45 - 11 - 400 - 801）在 32 - 45 - 11 的 401 页区找到主机轮的拆卸程序和安装程序。在机轮装配图中可找到轮轴螺帽[Figure 401 或 Figure 402（Sheet 1 of 2）/32 - 45 - 11 - 990 - 801 main Gear Wheel Installation]的施工程序和重要数据。

任务3 直接查找法

任务情境

已知航线可更换件名称或航线可更换件在飞机系统中的章节号,借助各章节目录(Table of Contents)进行查阅。

任务描述

已知有一架 B767－200 机型 B－2998 飞机,需要在线路图解手册中查找左侧客舱再循环风扇(left cabin air recirculation fan)的线路图。

任务分析及执行

1. 概述

(1)本程序包含定期维护任务数据。

(2)该程序有下列任务:

　　①航线可更换件名称或章节号的快速识别。

　　②根据零件名称或位置在 IPC 手册中快速查找。

2. 航线可更换件名称或章节号的快速识别

本程序是例行维护任务,需要熟练掌握航线可更换件名称或可更换件所在章节。

3. 根据零件名称或位置在 IPC 手册快速查找

1)参考

直接查找法。

2)位置区域

区域:左侧客舱。

3)程序

步骤 1:先根据关键字"客舱再循环风扇"确定再循环风扇属于 ATA21 章。

步骤 2:根据 B767－200 机型 B－2998 飞机确定该架飞机的有效性代码(001)。

步骤 3:检查临时改版清单没有临时改版记录。

步骤 4:通过左侧客舱再循环风扇(left cabin air recirculation fan)信息可以确定相关信息

属于 21-25 循环风扇系统,在 21-25 循环风扇系统中找到左侧客舱再循环风扇章节号(21-25-11)。

步骤 5:根据左侧客舱再循环风扇章节号(21-25-11),在线路图解手册根据飞机的适用性找到需要的图纸。

任务 4 利用各种清单查找法

任务 情境

在航空器上根据一根导线/电缆的标记、一个 LRU 组件的设备号、一个终端的设备号、一个连接器的件号等航空器上所有与导线/电缆相关的部件和各种终端的件号,在线路图解手册中找到它的位置。

任务 描述

已知有一架 B767－200 机型 B－2551 飞机,在 P36 板(left miscellaneous electrical equipment panel)发现有一根导线绝缘层出现严重破损现象,导线束标记为 W0176－664－24,需要在线路图解手册中找到这根导线所在的系统线路图解,对该系统进行功能检查。

任务 分析及执行

1. 概述

(1)本程序包含定期维护任务数据。

(2)该程序有下列任务:

  ①导线束标记的快速识别。

  ②根据导线束标记在 WDM 手册中快速查找。

2. 导线束标记的快速识别

本程序是例行维护任务,需要掌握导线束标记的结构组成及含义。

3. 根据导线束标记在 WDM 手册快速查找

1)参考

利用各种清单查找法。

2)位置区域

区域:P36 板。

3)程序

步骤 1:根据 B767－200 机型 B－2551 飞机确定该架飞机的有效性代码(001)。

步骤 2:查找相关信息之前,确定信息是导线束标记为 W0176－666－24,根据导线束标记确定需要查找导线束清单。

步骤 3：在导线束清单中找到该信息的飞机的适用性（001-199）和线路图解手册的章节号（24-22-11）。

步骤 4：检查临时改版清单有无该信息的临时改版记录。

步骤 5：根据清单中的章节号（24-22-11），在线路图解手册根据飞机的适用性找到需要的图纸。

▶ 任务 5　由导线的线号查件号

任务情境

在 WDM 里根据线号确定粗细,在 WDM 91 章的导线清单中确定导线种类,在 SWPM(20 - 00 - 13)中找出导线件号。

任务描述

在 WDM 中查到线号是:W244 - 012 - 20,在 SWPM 中查出该导线件号。

任务分析及执行

1. 概述

(1)本程序包含定期维护任务数据。

(2)该程序有下列任务:

　　①导线线号的快速识别。

　　②根据导线的线号在 SWPM 手册中快速查找件号。

2. 导线束标记的快速识别

本程序是例行维护任务,需要掌握导线的线号的结构组成及含义。

3. 根据导线的线号在 SWPM 手册快速查找件号

1)参考

由导线的线号查件号。

2)位置区域

区域:W244 - 012 - 20。

3)程序

步骤 1:在 WDM 里根据线号确定粗细(AWG)。线号 W244 - 012 - 20 中最后 2 位数"20"即为 AWG。

步骤 2:在 WDM91 章的导线清单中确定导线种类。W244 - 012 - 20 对应导线种类为 GA。

步骤 3:在 SWPM(20 - 00 - 13)中找出导线件号,找到"20 - 00 - 13 WIRE - TYPE - CODE ---- WIRE TYPE CODES AND WIRE PART NUMBERS."从而写出完整的件号 BMS13 - 60T01C01G20(其中"T01C01G2"根据 TYPE01CLASS01AWG20 得来)。

替换件号可在"20 - 00 - 13 WIRE - TYPE - CODE ---- Alternative Wire"中根据步骤 3 得来的件号找到。

课后 进阶

1. AMM 手册的功能是什么？有几种查询方法？

2. 如何查找飞机前轮维护程序？

3. WDM 手册的功能是什么？有几种查询方法？

4. SWPM 手册的功能是什么？有几种查询方法？

5. 查找如何用接线管修理一根线号为 18 的非油箱区域 unshield wire（不含屏蔽层导线）。

6. IPC 手册的功能是什么？有几种查询方法？

阅读 材料

一颗螺栓引发的事故

系统维护

目标点击

● 知识目标

1.掌握飞机系统功能、结构、机械图识读等基础知识。

2.掌握对照标准，依据飞机的功能需求，分析其系统组成。

3.掌握飞机各分系统的维护方法及过程。

● 能力目标

1.能够正确分析飞机系统的结构、功能及系统工作原理。

2.能够正确按手册要求对系统进行维护。

● 素质目标

1.具有质量意识、安全意识、工匠精神、创新素养。

2.尊重生命、热爱劳动，具有社会责任感和社会参与意识。

3.勇于奋斗、乐观向上，有较强的集体意识和团队合作精神。

情景导入

飞机系统维护主要包含发动机和零部件维护工作、着陆装置的系统维护工作、操纵系统维护工作和滑油系统的维护工作。

航空发动机是结构复杂、技术密集的大型系统，是飞机的心脏。发动机通常工作在高温、高压、高转速的条件下，工作环境恶劣、工作状态不断变化。发动机维护和装配的质量直接影响其性能和使用寿命，甚至影响飞机的安全。为了保证发动机的性能稳定可靠、延长其工作寿命，及时发现、处理发动机故障，避免发生不安全事件，需要对发动机及其部/附件进行维护。

飞机的着陆系统对飞机安全起降有着重要作用，若起落装置维护、使用不当，会直接影响飞机起飞、着落的性能和飞行安全。在实际使用中，着陆装置经常发生的问题是轮胎、机轮轴承提前损坏，减震支柱性能变差，以及支柱间隙过大等。

飞机的操纵系统，分为主操纵系统和辅助操纵系统。主操纵系统包括副翼操纵系统、升降舵操纵系统和方向舵操纵系统。辅助操纵系统包括襟翼、缝翼、扰流板和安定面操纵系统。每个操纵系统由控制机构、传动机构和执行机构组成。通过传动部件(传动杆、摇臂等)对翼面、舵面和附件实施操纵控制,其安装、维护正确与否,直接影响操纵系统的性能好坏。操纵系统正常工作时应操纵轻便、传动灵活、准确可靠。

滑油系统是依靠纯净的滑油在系统中循环,对发动机前、中、后轴承等各摩擦面进行润滑和散热,同时防止机件锈蚀。滑油系统在使用和维护中常遇到的问题是滑油变质和消耗量过大。滑油系统的维护主要是保障滑油的数量和质量符合规定。

知 识 导航

5.1 发动机和零部件维护工作

1. 飞机发动机系统概述

为飞机提供动力,推动飞机前进的装置称为推进系统,也称为动力装置。它由发动机、推进剂或燃料系统,以及保证发动机正常有效工作所需要的导管、附件、仪表和固定在飞机上的装置等组成。推进系统的核心部件是发动机。发动机是飞机的动力源,飞机的飞行速度、高度、航程、机载重量和机动能力,在很大程度上取决于发动机的性能水平,因此人们常形象地称之为飞机的心脏。纵观航空航天的发展历程,不难看出,每一次重大进展无不与发动机的发展紧密相连。

1)主要的组成部分及工作原理

双转子涡轮螺旋桨发动机示意图如图5-1所示。

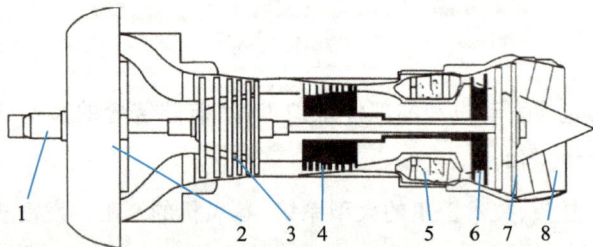

1—螺旋桨轴;2—减速器;3—低压压气机;4—高压压气机;5—燃烧室;6—高压涡轮;7—低压涡轮;8—排气装置。

图5-1 双转子涡轮螺旋桨发动机示意图

(1)发动机电子控制系统。包括发动机电子控制组件、燃油计量装置或液压机械装置、传感器、作动器、活门等。其中,发动机电子控制组件是核心,液压机械装置是执行机构,所有控制计算由计算机进行,然后通过电液伺服机构输出控制液压机械装置及各个活门、作动器等。

(2)发动机动力系统。由压气机、燃烧室、涡轮、喷嘴等部分组成。压气机向发动机燃烧室提供高压压缩空气。燃油与空气混合物在燃烧室内点火燃烧后,形成高能量的气体,驱动涡轮产生动力。加速的风扇空气和迅速膨胀的高速燃气相结合,从发动机后部各自的喷嘴喷出,形成推进力。

(3)发动机辅助系统。包括滑油系统、燃油系统、启动系统及液压系统等。发动机滑油系统提供经增压后的滑油,对发动机轴承装置及齿轮进行润滑。燃油系统提供经增压后的高压燃油进入燃烧室,作为产生推力的能源。启动系统中的启动机是一个涡轮型的马达,在发动机启动时,它带动压气机转动,当达到一定转速,且启动手柄提到慢车位,发动机控制机构向燃烧室供油,点火启动发动机。当转速提高到一定程度时,启动电门被切断,启动机被关断。

2)发动机动力系统

发动机的组成部件包括进气道、风扇、低压压气机、高压压气机、燃烧室、高压涡轮、低压涡轮、喷管以及附件传动部分。从工作环境来看,常常分为冷端部件和热端部件。冷端部件指进气道、风扇、低压压气机和高压压气机。热端部件有燃烧室、高压涡轮、低压涡轮和喷管。其中压气机、燃烧室和涡轮组成核心动力系统。

(1)进气道。进气道的功能是:在各种状态下,将足够的空气,以最小的流动损失,顺利地引入压气机。

(2)压气机。压气机的主要功能是对流过它的空气进行压缩,提高空气的压力,为燃气膨胀做功创造条件。除了支持燃烧和提供必要的空气产生推力外,压气机还可为飞机空调增压、飞机发动机防冰及飞机其他系统提供充足的气源。根据压气机的结构形式和气流的流动特点,航空燃气涡轮发动机用的压气机分离心式和轴流式两大类。气流沿离开叶轮中心方向流动的叫做离心式压气机,气流沿与叶轮轴平行方向流动的叫做轴流式压气机。此外还有轴流式与离心式压气机混合而成的混合式压气机。目前,使用最广泛的是轴流式压气机。

(3)燃烧室。燃烧室位于压气机和涡轮之间,其功能是将通过喷嘴供应的燃油和压气机供应的空气混合燃烧释放热量,供给涡轮所需的均匀加热的平稳燃气流。燃气涡轮发动机的燃烧室有三种主要类型,即多个单管燃烧室、环管形燃烧室、环形燃烧室。

(4)涡轮。涡轮的作用是使高温、高压燃气膨胀,将部分热能转变成涡轮的机械功,带动压气机和一些附件工作。在涡桨和涡轴发动机中,还用来带动螺旋桨或旋翼及尾桨。涡轮和压气机都是和气流进行能量交换的叶轮机械,但是涡轮和压气机与气流间的能量交换在顺序上恰恰相反。气流流过压气机时从叶轮获得机械能,因而提高了压力和温度。而在涡轮中,气流则将部分热能转换为涡轮机械功,气流温度、压力降低。由于涡轮叶片在高温条件下高速旋转,工作环境极其恶劣。所以,保证涡轮的安全工作是确保发动机的使用寿命和飞行安全的重要任务。按气流流动方向是否和涡轮旋转轴轴线方向大体一致,涡轮可分为轴流式和径流式两类。

(5)加力燃烧室。发动机工作时,在达到最大状态以后,继续增大推力,被称为发动机的加力。为在紧急需要时能使发动机在短时间内大幅度地增加推力,以改善飞机的飞行性能,在发动机的涡轮后装有加力燃烧室。加力燃烧室是加力燃油和燃气中剩余氧气进行混合、燃烧的地方。它由扩散器、加力点火装置、加力燃烧室主体等组成。

（6）喷管。喷管安装在涡轮的后面,其主要功能是使从涡轮流出的燃气膨胀、加速,以一定的速度和要求的方向排入大气,得到需要的推力。如通过反推装置改变喷气方向,使变向后的喷气为向斜前方的喷气,产生反推力,以迅速降低飞机落地后的滑跑速度,缩短飞机的滑跑距离;降低发动机的排气噪声;使排气流在一定范围内变化,从而改变推力方向以操纵飞机;通过调节喷管的临界面积来改变发动机的工作状态。喷管分为亚音速喷管和超声速喷管两种类型。亚音速喷管是收敛形的管道,而超声速喷管是先收敛后扩张形的管道。目前,大型民航机的飞行速度都为高亚音速,所以其动力装置都采用固定收敛形亚音速喷管。

3）飞机发动机的设计要求

根据航空燃气发动机的设计要求,现代的大中型飞机和高速飞机都使用了喷气式发动机。但是由于经济性好、易于维护,活塞式发动机现在仍然在大量使用,主要应用在各类小型、低速飞机上。无论采用哪种形式,当作为航空发动机时,其基本要求有如下几点。

（1）功率重量比大。设计飞机的任何部件,都应在满足使用要求的前提下,尽量减轻其重量。对发动机来说,就是要保证足够大的功率而自身重量又很轻。衡量发动机功率大、重量轻的标准是"功率重量比"。即发动机所发出的功率与发动机重量的比值。"功率重量比"越大,表示在相同功率的情况下,发动机越轻。

（2）燃油消耗率小。发动机是否省油,是飞机使用的重要经济指标。评定发动机的经济性,常用"燃油消耗率"作为标准。"燃油消耗率"是指单位功率在一小时内所消耗的燃油重量。燃油消耗率越小,说明发动机越省油。

（3）迎风面积小。航空发动机在保证功率不减小的前提下,应力求减小"迎风面积",以减小空气阻力。

（4）工作安全可靠、寿命长。要维持安全飞行,发动机就必须始终处于可靠状态,所以发动机的可靠性是十分重要的。为了保证发动机工作安全可靠,必须精心设计,选用合适材料,严格遵守工艺规程。

（5）维护方便。发动机能否随时处于可靠状态,很大程度取决于维护质量。维护质量的好坏,同时会影响发动机的寿命。维护的目的之一,是发现故障和排除故障,并对必要的部位进行检测、清洗、更换润滑油等。根据发动机工作时间的长短,维护工作一般都按不同的项目定期进行。由于维护工作量很大,占飞机使用成本的很大比例,因此在设计发动机时应考虑拆装、检查和维护的方便性,以减小维护工作量,降低维修成本。

2. 飞机发动机系统维护

1）发动机进气道

（1）发动机进气道的组成和功能。

发动机安装在飞机的机身里或单独的发动机短舱里,必须要由空气进口管管道系统向发动机提供它所需要的空气。从飞机发动机进口到发动机压气机进口这一段管道,称为进气道,如图5-2所示。进气道还起着把气流速度滞止下来的作用,把气流的动能转变为压力的升高。所以,有时也把进气道称为进口扩压器。

图5-2　进气道示意图

进气道的主要作用是:

①在各种状态下,将足够量的空气,以最小速度的流动损失,顺利地引入压气机。

②压气机进口处的气流速度小于飞行速度时,通过冲压压缩空气,提高空气的压力。

进气道可分为亚声速进气道和超声速进气道两大类。而超声速进气道又可分为内压式、外压式及混合式三种。由于民用飞机主要使用亚声速飞行,其采用的进气道几乎全是亚音速进气道,如图5-3所示。

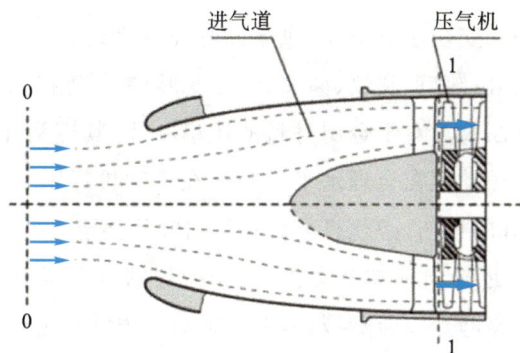

图5-3　亚音速进气道

(2)进气道的维护。

发动机进气道在运行中容易发生鸟击等外来物损伤事件,需仔细检查进气道前缘唇部等区域是否有凹坑、裂纹等损伤。日常检查中也需仔细检查进气道前缘铆钉等紧固件是否有松动情况，发现有松动的铆钉应及时处理，防止铆钉脱落打伤发动机。进气道消音板在长期使用中可能会发生腐蚀、分层，严重情况下会脱落打伤发动机，造成严重后果，需严格按照维护方案要求执行检查工作。

当飞机穿越含有过冷水珠的云层或在有冷雾的地面工作时，发动机和进气道前缘处会结冰。这些位置结冰会大大影响通过发动机的空气流量，造成发动机性能损失或使发动机发生故障。而且，由于工作时发动机振动，因振动而脱落下来的冰块一旦被吸入发动机或撞击进气道吸音材料衬层，也可能会导致发动机损坏。因此，认真检查进气道是否有结冰和积水，是发动机维护的关键步骤之一。

注意：发动机工作时，会吸入大量空气，排出高温、高速燃气，并产生很大噪声。为避免人员受伤和设备损坏，在飞机前、后都规定了危险区域，各危险区域大小随发动机的大小、位置、推力和风速的不同而不同。若进入进气危险区，会被吸入发动机；若进入排气危险区，会被吹跑，并且高温排气也会造成伤害。危险区域的范围与发动机的功率状态有关，功率越大，范围就越大。

2）压气机

（1）压气机的组成和功能。

压气机是燃气涡轮发动机中的一个重要组成部分，它通过涡轮对空气进行压缩，提高空气压力。压气机提高空气压力的方法是利用高速旋转的叶轮，连续不断地对空气做功。压气机的主要作用是：提高流过它的空气的压力，为燃气膨胀做功创造条件，从而提高热效率，改善发动机的经济性，增加发动机的推力。此外，压气机还可用来引气，即从压气机某一级处引出具有一定压力和温度的空气，用于座舱增压、座舱空调、驱动有关装置以及调节一些部件和附件的温度等以满足发动机和飞机的不同需要。

（2）压气机的维护。

①风扇叶片的维护及安全注意事项：风扇叶片在日常运营中容易遭受鸟击等外来物损伤，产生凹痕、刻痕、缺口、裂纹、撕裂、叶片变形、擦伤等损伤，同时在长时间使用后可能由于疲劳发生断裂。对于金属材料的风扇叶片，其榫头和风扇盘榫槽需要定期润滑以保持发动机振动值在合理水平。对于在发动机厂家手册标准内的损伤，可以正常放行，对不允许的损伤，必须打磨修理风扇叶片甚至更换叶片才能放行。更换风扇叶片时一般成对更换，如果单片更换，由于叶片的重量矩不一定匹配，可能需要重排叶片。为预防风扇叶片疲劳断裂，需要定期对风扇叶片进行无损检测，提前发现有和更换有缺陷的叶片，另外，还应保持停机坪和跑道干净、严格管理工具和零件，防止杂物吸入或掉入发动机打坏叶片；准确了解掌握风扇叶片的损伤形式和特征，在进行检查时准确测量各缺陷的尺寸，严格按手册标准放行发动机。

②压气机的维护及安全注意事项：压气机是航空发动机中的重要部件，在具有高温、高

压、振动以及巨大的离心力的恶劣工作环境下,易产生腐蚀、疲劳裂纹甚至断裂等故障。压气机因各种原因发生喘振时,也会造成压气机叶片的损伤。如果不能及时发现这些损伤,可能会造成发动机空中停车,危及飞行安全。为避免压气机喘振,在维修工作中应注意经常按规定进行检查,如防喘机构的工作状况,作动机构的校装。操作油门杆动作不要过急过猛,一旦发生喘振,应收油门从喘振中退出。发动机试车前应检查进气道以及停机坪周围清洁,避免发动机工作时吸入外来物。航前、航后和定检工作完成后,清点好工具等物品,严禁遗留在进气道和发动机舱内。进行发动机内窥孔探检查和发动机附件拆装时要防止有异物进入发动机内部,在发动机运转时打伤发动机。

注意:发动机工作时进气道区域会产生较大吸力,人员或工具设备接近运转的发动机必须采取相关措施防止被吸入,人员被吸入会产生严重后果危及生命,工具设备被吸入则会严重损害发动机甚至使发动机报废。发动机工作期间必须接近发动机的人员应系上安全带、佩戴防护耳罩,且必须与驾驶舱试车人员保持密切沟通,同时极力避免工具设备从进气道接近运转期间的发动机。发动机长期使用后,叶片及压气机转子叶尖处较为尖锐,实际工作中拆换叶片时应做好保护措施避免人员受伤。

(3)压气机维护事故案例:某航空公司曾经发生过地面试车时发动机吸入十字头工具打伤压气机叶片导致发动机送修的事件。由于鸟击导致压气机叶片损伤超标的案例也不少见,在发生鸟击等外来物损伤时,要严格按厂家手册要求检查特定各级压气机叶片并按需扩大检查范围,准确测量各缺陷的尺寸。严格按手册标准执行,在标准以内的可以放行发动机,否则必须返厂大修后方能重新装机使用。

3)燃烧室

(1)燃烧室的功能。

燃烧室位于压气机和涡轮之间,是燃气涡轮发动机的主要部件。燃烧室的作用是将燃油喷嘴喷出的燃油和来自压气机的空气混合并进行燃烧,释放热量,使气体温度升高,膨胀和加速,从而使涡轮带动压气机高速转动,并使发动机产生推力。

发动机工作时,被压气机压缩后的空气进入燃烧室,一边向后流动,一边与燃油喷嘴喷出的燃油混合,组成混合气。当发动机起动时,混合气被火花塞点燃,起动后火花塞不再跳火花,新鲜混合气被燃气的火焰引燃而燃烧,混合气燃烧后,温度升高,高温、高压的燃气流入涡轮和喷管,膨胀并做功。气体流入燃烧室后,在头部扩散形通道内,速度下降,压力、温度升高。在燃烧区内,混合气进行燃烧,使气体的温度迅速上升到约 1927 ℃左右。由于气体受热膨胀,气体的速度逐渐增大。在冷却区内,虽然还有一部分燃料进行补充燃烧,但是,由于大量的冷却空气的渗入,气体的温度逐渐降低到 876~1427 ℃,因为燃烧室横截面积不断减小,气体的速度继续增加,压力、温度也相应地不断下降,如图 5-4 所示。

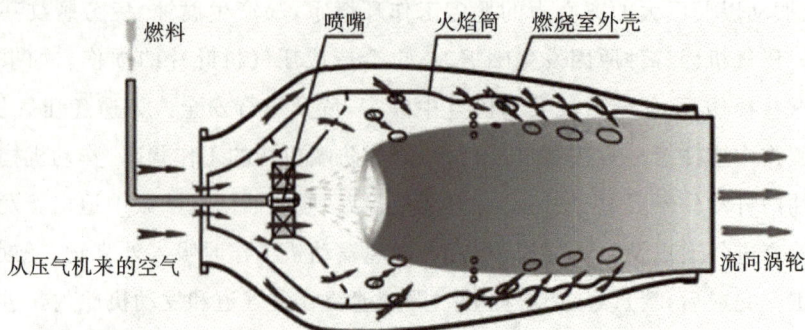

图 5-4 燃烧室工作原理

（2）燃烧室的组成。

典型的单管燃烧室。它基本上是由机匣、扩压器、火焰筒、燃油喷嘴、点火装置等组件组成的。在单管燃烧室中，联焰管起着传播火焰、点燃没有点火装置的火焰筒内的燃油，以及均衡压力的作用。

①机匣。燃烧室机匣用来构成二股气流的通道。在环管形和环形燃烧室中，燃烧室机匣由内、外机匣组成，内、外机匣直径很大，厚度很薄，又都需要承受负荷，是发动机的主要承力构件，因此内、外机匣必须具有足够的强度和刚度。

②扩压器。壳体和火焰筒头部之间构成扩散通道，用来降低流速，提高压力，保证燃烧顺利进行和减少压力损失。扩压器构造合理对改善燃烧条件、改善燃烧室性能、减小燃烧室尺寸和减轻重量具有重要意义。此外，目前在环形燃烧室中，还广泛采用将燃烧室进口扩压段并入压气机出口扩压段内的措施，以缩短燃烧室的长度。

③火焰筒。火焰筒是燃烧室的主要组成部分，它由旋流器和火焰筒筒体等部分组成。火焰筒筒体是一个在侧壁面上开有多排直径大小不同且形状各异的孔及缝的薄壁金属结构，燃烧在其内部进行，孔键保证了燃烧充分、掺混均匀并使壁面得到冷却。筒壁的冷却以气膜冷却为主，空气冷却火焰筒的内壁作为它与火焰的隔离层，使燃烧室主燃烧区可以承受很高的燃气温度。

④燃油喷嘴。旋流器的中央安装燃油喷嘴，气流经过旋流器叶片后，围绕着旋流器轴线产生强烈的切向旋转气流，在燃油喷嘴前方不远处产生回流区，保证火焰稳定。燃油喷嘴可分为雾化型和汽化型。燃油喷嘴的基本功能是使燃油雾化或汽化，以保证燃油快速燃烧。目前发动机在各种飞行条件和工作状态下，需油量的变化范围较大，所以在航空发动机上广泛采用双油路离心喷嘴。

⑤点火装置。点火装置是发动机在地面起动或高空再起动时用来点火的装置，一般一台发动机有两个点火装置。点火装置可以产生高能火花，点燃燃油。随着高能电嘴的发展，电嘴在低压下的放电量大大增加，因此，直接点火装置已经得到广泛的应用。

(3)燃烧室的维护。

①燃烧室是可燃混合气燃烧的区域,长期承受高温烧蚀。在日常孔探检查中,如发现局部烧蚀严重,需考虑该区域燃油喷嘴雾化是否不均匀,导致燃烧室衬板局部过热。

②在发动机湿冷转时,在燃烧室内积聚有较多的燃油,燃油可能会从燃烧室机匣安装边流出,这是正常现象。在发动机正常起动前,要按手册要求执行干冷转,吹出流出的燃油,防止烧坏发动机。

(4)燃烧室的孔探检查。

燃烧室的孔探检查只限于可见区域的检查,可通过孔探孔和点火嘴安装座,使用刚性的或柔性的内窥镜进行检查。燃烧室孔探检查区域包括:火焰筒头部区域、内火焰筒区域和外火焰筒区域。

4)涡轮

(1)涡轮的功能。

燃气涡轮是燃气涡轮发动机的重要部件之一,它的主要作用是把高温、高压燃气的热能和压力能转变成旋转的机械功,从而带动压气机及其他附件工作。在涡扇发动机中,涡轮还带动风扇;在涡桨发动机中,它带动螺旋桨;在涡轴发动机中,它带动旋翼。和压气机一样,按燃气流动方向是否和涡轮旋转轴轴线方向大体一致,涡轮可分为轴流式涡轮和径向式涡轮两类。

①涡轮叶片比压气机叶片要厚。其原因有两个:一个是工作气体的温度高,涡轮叶片受热严重,金属材料的强度随着温度的升高而降低,为了保证叶片的强度,所以涡轮叶片较厚,如图 5-5 所示;另一个原因是涡轮叶片需要冷却,所以有的涡轮叶片是空心的,以便冷却空气流通,这也导致涡轮叶片较厚。

②涡轮叶片比压气机叶片弯曲的程度要大。其原因是单级功率大,气动力矩大。

③涡轮部件的材料必须能在高温下可靠工作,要有足够的高温强度,良好的热稳定性以及耐腐蚀性,涡轮叶片的材料已成为提高涡轮前燃气温度的决定因素之一。

④涡轮部件要求具有均匀的热惯性与良好的热补偿结构。在发动机工作过程中,燃气温度经常发生变化,由于其内部温度的不均匀或不能自由膨胀而产生的热应力与热变形过大会影响发动机的正常工作。短时间内热应力的剧增,可能导致部件产生裂纹。反复作用的热应力与变形可能导致部件的损坏(称为热疲劳)。

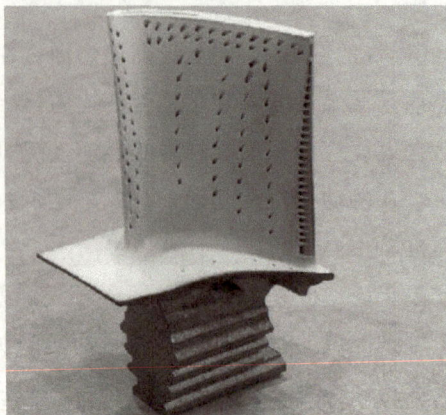

图 5-5　涡轮转子叶片

(2)涡轮的组成。

涡轮由涡轮转子和涡轮静子组成。涡轮转子是涡轮转动部分的总称,它是由转子叶片、涡轮盘、涡轮轴和装在轴上的其他转动部件组成的一个整体。在多级涡轮中,还有盘间连接部件。涡轮转子需要在高温、高转速下工作,并要传递大功率,所以工作条件比较恶劣。涡轮静子组件主要包括涡轮机匣、涡轮导向器、涡轮框架和间隙控制装置等。

(3)涡轮的维护。

　　①发动机在工作时,由于涡轮温度高,发动机各部件承受的负荷非常大,因此,使用中应防止发动机超温、超转、超时。发生超温、超转时要严格按手册进行相关检查。

　　②风沙环境中使用的发动机由于叶片内部冷却气路容易堵塞,导致涡轮转子、静子叶片容易出现烧蚀、断裂等损伤,严重影响发动机的使用寿命。

　　③高压涡轮进口导向叶片的检查。高压涡轮进口导向叶片检查区域包括:叶片的前缘、凹面、凸面、后缘、内外平台等。主要损伤检查项目包括:烧蚀、裂纹、材料缺损等。

　　④高压涡轮转子叶片的检查。涡轮转子叶片的叶尖一般设计有磨损指示槽,用来判断叶片和环罩的磨损情况。高压涡轮转子叶片的检查区域包括:叶片的前缘、后缘、叶尖等。

5)喷管

(1)喷管的功能。

第一,从涡轮(或加力燃烧室)流出的燃气,在喷管中继续膨胀,燃气中的一部分热能转变为动能,以很大的速度沿一定的方向喷出,增大出口动量,使发动机产生反作用推力。第二,通过反推力装置改变喷气方向,将向后排出的喷气折转向斜前方排出,产生反推力,以迅速降低飞机落地后的滑跑速度,缩短飞机的滑跑距离。第三,采用消音喷管降低发动机的排气噪声。第四,通过调节喷管的临界面积来改变发动机的工作状态。喷管结构如图 5-6 所示。

（2）发动机喷管的维护。

喷管的目视检查。对喷管进行目视检查时，需要检查喷管有无裂纹、变形等损伤。

图 5-6 发动机喷管

6）轴承

（1）轴承的功能。

发动机转子由压气机转子（或风扇）、涡轮转子和连接这些转子的零件组成，根据转子数目，可以分成单转子、双转子以及三转子。发动机转子上的各种负荷，如气体轴向力、重力、惯性力及惯性力矩等均由支点承受，并经过发动机的机匣传递到发动机的安装节。

一般来说，一根转轴至少要在两处有轴承支承，这样才能保持平衡。当有轴向载荷时，通常在两个支点中一处装滚棒轴承，另一处装滚珠轴承。发动机转子的支承也是这样，滚珠轴承限制转子轴向移动，滚棒轴承允许转子轴向自由移动。当然，当发动机转子比较长时，支点的个数可能会更多。单个转子只在一处设置滚珠轴承，其他各处都是滚棒轴承，以保证转子既可轴向定位，又能轴向自由移动。

（2）轴承类型。

根据摩擦力的性质，轴承可以分为滑动轴承和滚动轴承，滚动轴承按滚动体种类不同，又可分为滚珠轴承和滚棒轴承，滚棒轴承也可再细分为圆柱滚棒轴承和圆锥滚棒轴承等。航空发动机中使用轴承将发动机转子和静子部件连接到一起。装在发动机转子上的轴承，一般称为发动机主轴承，以与附件传动中采用的轴承相区别。滚动轴承摩擦系数小，轴向尺寸小，需要用的滑油量小，低温下易于起动，且能短时间内在无滑油的条件下工作，因此航空燃气涡轮发动机主轴承大多为滚动轴承。

（3）轴承结构。

滚动轴承是基于滚动接触原理而设计的，一般由内圈、外圈、一组滚动体（滚珠或滚棒）和保持架组成，如图5-7所示。内圈通常装在轴上，与轴紧密配合，并与轴一起旋转。内圈外表面上有供滚珠或滚棒滚动的沟槽,称内沟或内滚道。外圈通常在轴承座或机械壳体上,与轴承座孔配合,起到支撑滚珠和滚棒的作用。也有些轴承是内圈固定,起支撑作用,外圈旋转。外圈内表面上也有供滚珠或滚棒滚动的沟槽,称外沟或外滚道。滚动体在内圈和外圈的滚道之间滚动,在旋转的过程中允许其发生相对运动,滚动体的大小和数量决定着轴承的承载能力,保持架把轴承的一组滚动体均匀地相互隔开,以避免碰撞和摩擦,并使每个滚动体均匀和轮流地承受相等的载荷。

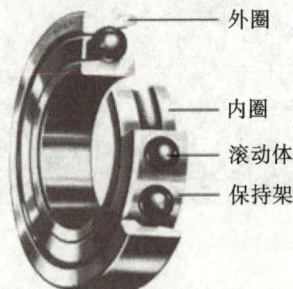

外圈
内圈
滚动体
保持架

图 5-7 轴承结构

(4)轴承润滑。

发动机主轴承工作在高负荷、高转速和高温下,工作条件比较恶劣,要很好地解决轴承材料的强度、冷却润滑等问题。轴承工作时产生的热量,须采用供入滑油的方法来带走,使轴承在能承受的温度下工作。供入的滑油也对轴承进行润滑,防止轴承表面的摩擦磨损与锈蚀。滑油供入轴承的方法有两种:直接润滑法和间接润滑法。直接润滑法是通过一个标定孔供应一定温度和压力的滑油的方法,孔的尺寸决定在各种工况下的流量。间接润滑法是滚道下润滑方法,滑油喷雾在空心转子轴的内壁,转子轴转动时,滑油由于离心力滞留在壁上,然后通过轴和轴承内滚道上的孔向外流动,在保持架离开轴承。这种方法比直接润滑带走的热量更多。滑油应及时由回油泵抽回油箱,冷却、过滤后再重新供给轴承。

7)附件

(1)附件传动。

为了保证飞机和发动机正常工作,许多有一定功率、转速和转向要求的附件需要由发动机来带转,这些附件可分为发动机附件和飞机附件。前者是保证发动机正常工作的附件,如滑油泵、油气分离装置、燃油泵和燃油控制装置等。后者是向飞机提供动力的装置,如液压泵、发电机。将发动机转子的功率、转速传输到附件并驱动附件以一定的转速和转向工作的齿轮轮系及传动轴的组合体,称为附件传动装置。附件传动装置由内部传动装置和外部传动装置(附件齿轮箱和转换齿轮箱)组成。需要发动机带转的附件都安装在附件齿轮箱上,齿轮箱内有一系列相互啮合的齿轮,发动机驱动齿轮箱,这些齿轮再传动装在其上的所有附件,如图 5-8 所示。

图 5-8　齿轮箱

（2）附件的维护。

①金属屑的检查与附件安装。附件传动装置内齿轮和轴承较多,在日常发动机磁堵金属屑检查中,注意是否有关键部件的轴承齿轮材料碎屑,采取合适的监控措施。在附件传动装置安装各附件时注意安装到位,检查碳封安装状况良好,避免发生滑油渗漏事件。

②人工驱动发动机转子操作。手摇曲柄传动座的功能是转动发动机高压转子,用于孔探检查高压压气机叶片和高压涡轮叶片。执行孔探工作时,先拆卸手摇曲柄传动座堵盖,然后两个人配合,一人用专用工具驱动高压转子,另一人操作孔探仪执行孔探检查。当一个人进行孔探检查时,也可以使用电动马达驱动高压转子完成检查工作。

安全注意事项:无论是人工驱动还是使用电动马达驱动高压转子,在使用前都必须明确手摇曲柄传动座驱动轴转动的圈数和高压转子转动圈数的关系,保证所要检查的高压转子叶片能够全部覆盖,避免部分叶片漏检。完成检查工作后,按手册要求更换相应密封圈,安装手摇曲柄传动座堵盖,并按需试车进行渗漏检查,确保没有滑油渗漏。

5.2　起落架系统维护工作

飞机的起落架是飞机停放、滑行、起飞和着陆时的主要支撑部分。飞机起落架一般由三个轮子组成,其中两个是主轮,第三个轮子安装在飞机后面或者前面,分别称为后三点式起落架和前三点式起落架。操控前轮或者尾轮可以控制飞机在地面上的转向。

1)飞机起落架系统的功能

飞机的起落架主要是在地面起到支撑飞机的作用,图 5-9 所示为 B737-800 的起落架。此外,起落架还有很多重要的功能:如支撑飞机重量、飞机起降滑跑、吸取并消耗撞击能量、飞机降落减速等。大多数普通类型的飞机起落架由轮子组成,但是飞机也可以安装浮筒以便在水上运作,或者安装用于雪上滑行的雪橇。

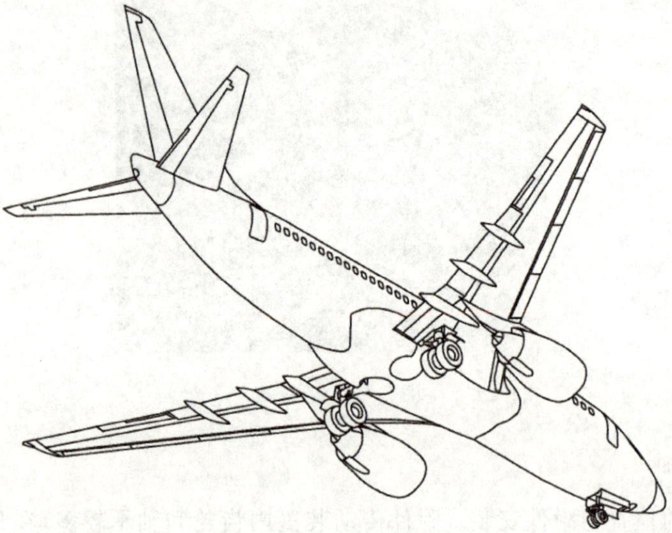

图 5 - 9　B737 - 800 飞机起落架结构

2)飞机起落架的配置形式

飞机起落架的配置形式有后三点式、前三点式、自行车式和多支柱式,大多数飞机采用三点接地,即后三点式或前三点式,一般民航飞机多采用前三点式,如图 5 - 10 所示。

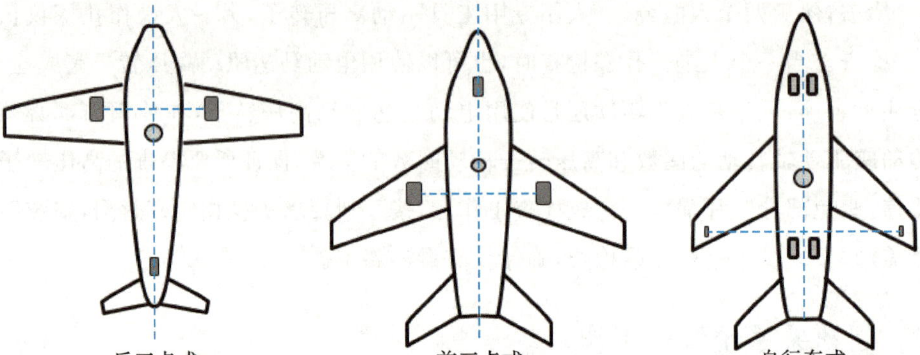

| 后三点式 | 前三点式 | 自行车式 |

图 5 - 10　起落架主要配置形式

3)飞机起落架的结构形式

飞机起落架按结构形式主要可分为构架式起落架、支柱套筒式起落架和摇臂式起落架。

（1）构架式起落架。构架式起落架是通过一套承力构架和机翼机身相连,在承力构架中,减震支柱和斜撑杆是相互铰接的,如图 5 - 11 所示。当飞机起落架

不同起落架
的优缺点

受到地面力的作用时,它们只承受拉伸和压缩的轴向力,不承受弯矩,因此此种起落架重量较轻,结构也简单,一般仅适用于早期的低速飞机和某些现代轻型飞机。同时因为构架式起落架外廓尺寸较大,收入飞机内部困难(不可收放),所以高速飞机基本不采用。

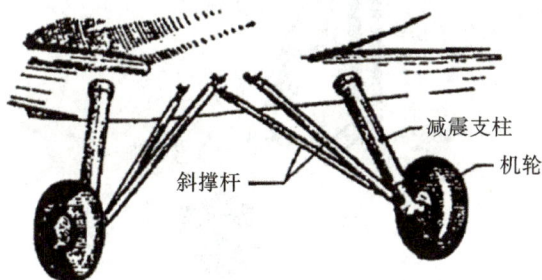

图 5-11　构架式起落架

　　(2)支柱套筒式起落架。支柱套筒式起落架是现代飞机起落架的典型形式。这类起落架的支柱是由外筒和活塞杆(或内筒)套接起来的缓冲(减震)支柱,机轮轴直接连接在支柱下端,支柱上端固定在机体骨架上,其承力支柱和缓冲器是一体的,如图 5-12 所示。与构架式起落架相比,支柱套筒式起落架具有体积小、可收放等优点。但这种起落架缓冲支柱起到的减震作用有限,当受到正面的水平撞击时,支柱在水平撞击力的作用下承受较大的弯矩,便不能使支柱很好地收缩了。当受到较大弯矩时,活塞杆和外筒接触点产生较大的摩擦力,容易磨损缓冲支柱的密封装置,产生漏油现象。

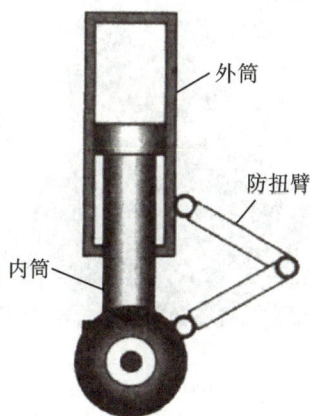

图 5-12　支柱套筒式起落架

　　(3)摇臂式起落架。摇臂式起落架是机轮通过一个摇臂悬挂在承力支柱及减震器下面,如图 5-13 所示。当飞机起落架受到水平和垂直方向的作用力时,都能使减震器压缩起到减震的效果。与支柱套筒式起落架相比,摇臂式起落架具有以下优点:密封性较好、不易漏油、能承受轴向力、不受弯矩、吸收水平撞击性能较好。同时摇臂式起落架也有它的缺点:如结构较复杂、重量较大、减震器及接头受力较大,因此重型飞机不采用这种起落架。

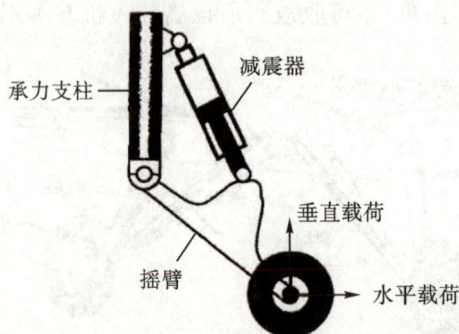

图 5 - 13　摇臂式起落架

4)飞机起落架的外部结构

(1)主起落架外部结构。主起落架对飞机后部起支撑作用,如图 5 - 14 所示。大型飞机的主起落架都能够收进机身,给飞机提供更好的气动外形。绝大多数的飞机采用液压驱动的方式将起落架收到机身中。

图 5 - 14　飞机主起落架

虽然不同机型飞机主起落架的机轮数略有不同,但主起落架的主要结构部件基本相同。图 5 - 15所示是一个典型的主起落架结构。主起落架主要的承力部件有减震支柱、侧支柱(侧撑杆)和阻力支柱。在减震支柱的内外筒之间,装有扭力臂,防止内外筒之间的相对转动,拖行接头用于连接牵引车拖行飞机。轮轴上可以安装机轮,方便起落架在地面的移动。

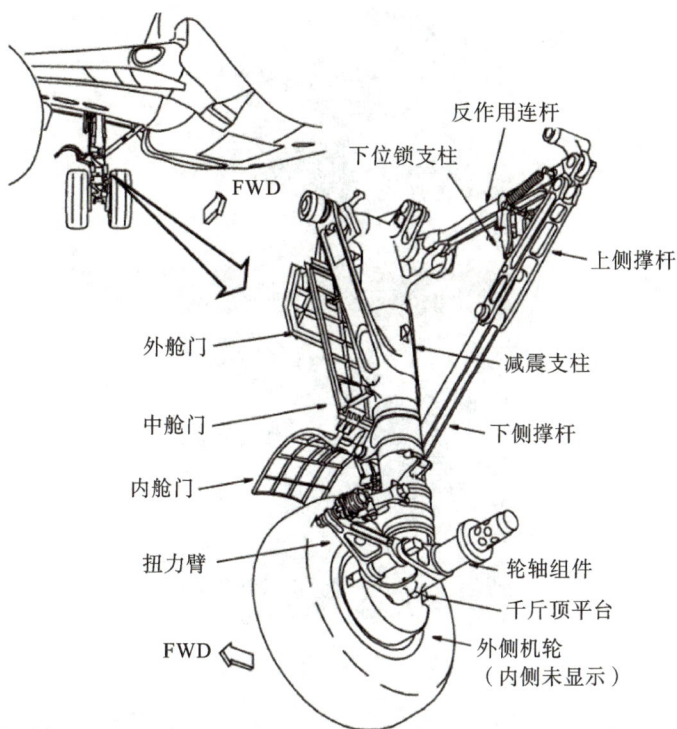

图 5 - 15　737NG 飞机右主起落架结构

减震支柱:减震支柱主要用来支撑飞机,可以减缓飞机降落、滑行时的震动。

阻力支柱:又被称为阻力撑杆,主要承受起落架在机身纵轴方向上产生的不平衡力,将不平衡力传递给减震支柱和机体结构。

侧支柱:侧支柱主要承受起落架在机身横轴方向上的不平衡力。

扭力臂:扭力臂也被称为扭力连杆,主要用于限制内外筒之间的相对转动。扭力臂由两个部分组成:连接外筒的上扭力臂和连接内筒的下扭力臂。有些飞机的上扭力臂和下扭力臂连接处还装有阻尼器。主起落架阻尼器的作用是飞机高速滑行和使用重刹时降低机轮的摆振。

舱门:主起落架舱门在飞行中保持关闭,以减小飞行期间的阻力,同时也防止外来物击伤轮舱的部件。当飞机主起落架处于收放过程时,主起落架舱门打开。主起落架完成收放后,舱门重新关闭。

(2)前起落架结构。大型飞机的前起落架通常有两个机轮。前起落架有转弯功能,但没有刹车装置,如图 5 - 16 所示。前起落架相比主起落架承担的载荷较小,重量也比较轻。大型飞机的前起落架均可向前收进机身,前起落架收回后起落架舱门关闭。

图 5 - 16 飞机前起落架

前起落架主要的承力部件由减震支柱、阻力支柱等构成,如图 5 - 17 所示。在减震支柱上安装有减震器,用于减小飞机在地面运行时的震动。

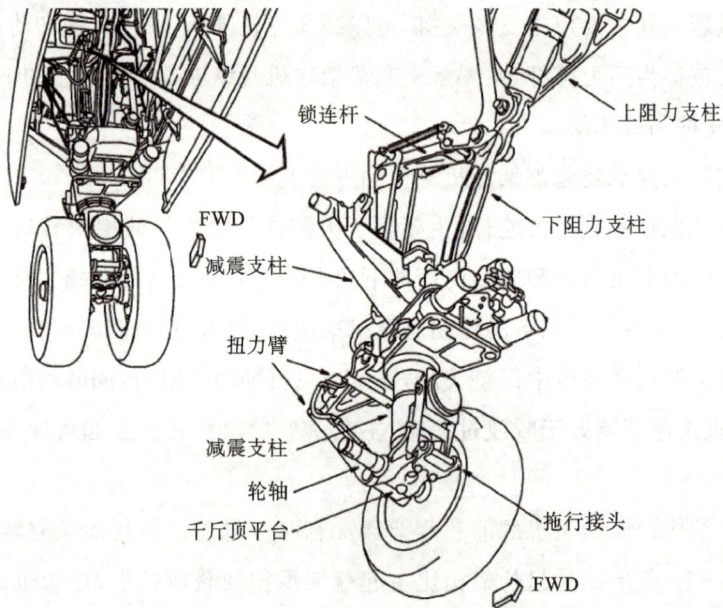

图 5 - 17 737NG 飞机前起落架结构

机轮的基础
知识

5.3　操纵系统维护工作

飞行舵面包含了方向舵、升降舵、副翼、缝翼、襟翼、扰流板、安定面,如图 5-18 所示。飞机飞行操纵系统是飞机上用来传递操纵指令,驱动舵面运动的所有部件和装置的总和。飞机凭借位于机翼、尾翼上舵面的运动,调整飞行姿态。舵面运动的可靠性取决于飞机的操纵系统。

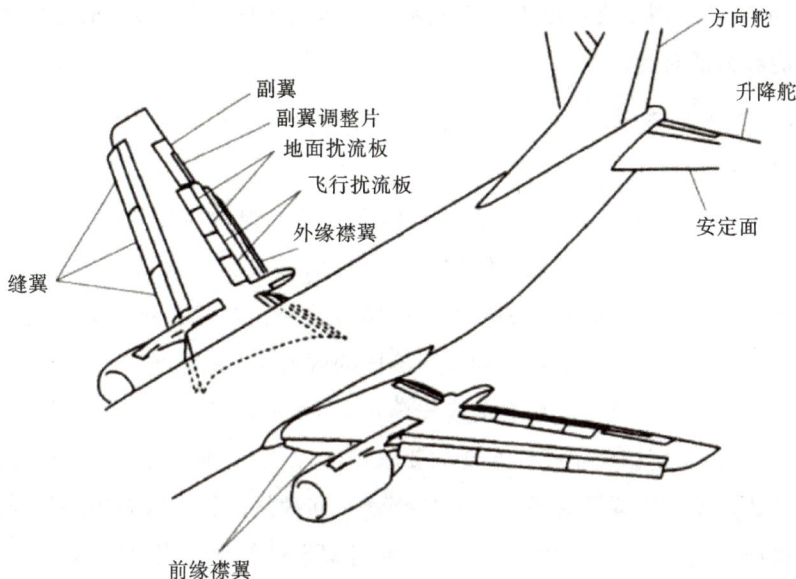

副翼
副翼调整片
地面扰流板
飞行扰流板
外缘襟翼
缝翼
方向舵
升降舵
安定面
前缘襟翼

图 5-18　飞机主要操纵面

飞机操纵系统分为主操纵系统和辅助操纵系统。主操纵系统包括副翼操纵系统、升降舵操纵系统和方向舵操纵系统。辅助操纵系统包括襟翼操纵系统、缝翼操纵系统、扰流板操纵系统和安定面操纵系统。每个操纵系统由控制机构、传动机构和执行机构组成。

(1)控制机构:驾驶盘(杆)、脚蹬和操纵手柄等。

(2)传动机构:钢索、摇臂、滑轮、推拉杆、扇形盘、扭力管等。

(3)执行机构:液压作动筒、电马达等。

飞机操纵系统按传输方式不同分为软式操纵系统和硬式操纵系统。软式操纵是指由钢索传递操纵指令。硬式操纵是指由推拉杆、扭力管传递操纵指令。

1.软式操纵系统

1)软式操纵系统的组成

软式操纵系统除钢索之外还包括钢索接头、松紧螺套、滑轮、鼓轮、气动封严、导向装置、扇形盘、张力补偿器等。

(1)钢索。钢索是由一定数量的钢丝按照特定的形式缠绕而成,按材料性质分为碳素钢钢索和不锈钢钢索。碳素钢钢索表面通常是包锌镀锡。钢索只能传递拉力,不能传递压力,因此,操纵钢索都是成对出现,由两根钢索组成回路,以保证舵面能在两个相反的方向偏转。

(2)钢索接头。钢索接头通过挤压与钢索端头连接在一起,用于钢索之间、钢索与其他部件之间的连接。

(3)松紧螺套。松紧螺套的作用是调节钢索的长度以调整钢索的张力大小。

(4)滑轮。滑轮的作用是支撑钢索和改变钢索的运动方向,其材料一般是胶木或硬铝。滑轮在工作中应能够灵活转动。

2)软式操纵系统的检查

(1)钢索的检查。

钢索在使用中常见的故障有磨损、断丝、腐蚀和卡阻。钢索在使用过程中会与滑轮、扇形盘、气动封严、导向装置以及周围可能接触的部件摩擦而导致钢索磨损和断丝,因此,在维护工作中应着重检查以上部位。钢索与相邻部件的间隙也应满足要求。钢索容易腐蚀的区域主要是一些容易积聚腐蚀性气体、蒸汽、烟雾和沉积液体的区域,如轮舱、厨房、厕所下面等区域。电瓶舱容易发生电化学腐蚀。钢索在检查前应先清洁,钢索清洁一般不用清洁剂,如果有的飞机钢索要求用清洁剂清洁,应该严格按照手册的要求操作,严禁将钢索浸入清洁剂里面,以防腐蚀钢索。钢索清洁通常使用干燥不起毛的布包住钢索来回擦拭。钢索检查主要靠详细目视检查,必要的时候应借助手电、反光镜、放大镜等工具,要对钢索进行全行程检查,对于一些滑轮、扇形盘后面以及一些检查不到的地方,可以通过操纵钢索运动使看不到的钢索露出来便于检查。检查钢索断丝时用“拉布法”,如果钢索有断丝就会勾住布,便于发现。

(2)滑轮的检查。

在检查时确保滑轮轴承润滑良好,并可以自由转动,如果滑轮不能自由转动,就要更换滑轮。滑轮的磨损多数也是由滑轮不能自由转动引起,除此之外,滑轮安装不正,钢索张力过大等也会引起滑轮磨损。

(3)钢索接头的检查。

对钢索接头的检查,应详细检查钢索接头和保险机构(包括保险丝保险、开口销保险、松紧螺套锁夹保险)完好,如有缺失应安装完整。检查接头挤压段表面是否有裂纹和腐蚀,如有应更换钢索。检查接头未挤压段,如发现裂纹、腐蚀或接头弯曲大于2°,就要更换钢索。检查松紧螺套,如发现裂纹或者腐蚀则更换松紧螺套。

3)软式操纵系统的维护

(1)测量钢索直径。握紧张力表手柄,将钢索放入钢索安装槽内,松开手柄,将直径指示盘转到止动钉处,读出钢索直径。

(2)测量钢索张力。转动表盘指示器,使指针对准所测钢索直径的数值位置,握紧手柄,将钢索放入安装槽内,缓慢松开手柄,夹住钢索,按下张力锁,取下张力表,读出钢索张力。

张力表使用注意事项：

(1)估测钢索张力,选择合适量程的张力表。

(2)张力表使用前要检查和校准。

(3)张力表只适用于测量飞机标准钢索。

(4)在调节钢索张力前应先计算钢索的标准张力值,不同位置的钢索,张力值是不一样的。

2.硬式操纵系统

硬式操纵系统主要由推拉杆、摇臂、导向滑轮等组成。

1)推拉杆

推拉杆用于传递推力、拉力,大多用铝合金管制成,也有用钢管制成的。为了使推拉杆受压时不失去稳定性和避免产生共振,推拉杆一般不宜过长(2 m 以内)。推拉杆可分为固定长度的推拉杆和可调节长度的推拉杆。可调节长度的推拉杆杆身一端装有可调节长度的接头和锁紧螺帽,锁紧螺帽的作用是当杆端头长度调节合适后锁紧接头的螺纹,使杆的长度保持在锁定位。在调整推拉杆长度时,为了防止接头的螺杆长度调出过多,使螺纹的结合圈数过少,在管件端部留有检查孔,在推拉杆长度调整完成后,应该在检查孔内能看到螺杆。

推拉杆不仅做直线往复运动,而且要相对摇臂转动,因此在接头内还装有轴承,有些推拉杆还要绕本身转动,因此还装有旋转接头。有的推拉杆要摆动,在接头上装有球形轴承。

2)摇臂

摇臂的作用是支撑推拉杆,并可以改变推拉杆的传动方向、传动力的大小、传递速度及位移量。摇臂一般由铝合金制成,在与推拉杆和支座的连接处都装有轴承,便于转动。摇臂按臂数可分为单摇臂、双摇臂和复合摇臂。

3)导向滑轮

导向滑轮的作用是支撑推拉杆,提高推拉杆受压时的杆轴临界应力,使推拉杆不至于过早地失去总稳定性,还可以增大推拉杆的固有频率,防止推拉杆发生共振。

4)硬式传动部件维护

因为硬式传动部件都是由金属制成,所以在检查的时候主要检查各部件是否有腐蚀、裂纹,检查推拉杆、摇臂连接的保险装置是否完好,检查推拉杆、摇臂、导向滑轮上的轴承是否润滑良好、转动自如、无卡阻现象。

3.液压系统

舵面的运动离不开驱动的动力,现代中大型客机和运输机中,80%以上的飞机舵面均采用液压作动器、液压马达驱动。液压动力除了可提供更大的驱动力外,还可以非常方便地通过改变作动器两腔压力,迅速改变运动方向。同时,舵面的运动也离不开舵面的传动机构。由于飞机上传动机构比较复杂,20多块舵面各自承担的职责、运动方式、角度大小,以及绕转轴偏转长度的不同,带来了舵面运动的多样化。

1)液压系统的常见故障

导致液压系统不正常工作的因素,主要是密封装置损坏、金属结合面不密封、零件运动不灵活、附件壳体和导管损坏等。此外,液压油变质也是造成液压系统不正常工作的重要因素。

(1)密封装置损坏。

造成密封装置损坏的原因有以下几点。

①密封面之间的间隙过大。在有相对移动的密封面之间都存在一定的间隙,这个间隙对密封圈的使用寿命影响很大。工作中,橡皮密封圈在油压或气压的作用下,有一部分挤入间隙。当工作压力一定时,密封面之间的间隙越大,橡皮密封圈被挤入的部分就越多,承受的剪力就越大,橡皮密封圈也越容易损坏,从而导致密封性下降。

②工作压力过大或者压力脉动加剧。工作压力过大,将使橡皮密封圈与金属密封面之间压得更紧,使挤入密封面间隙的部分增加,从而加剧橡皮圈的磨损。压力脉动加剧,则将使橡皮圈的磨损频率增加,因而密封圈容易损坏。

③工作温度过低和过高。温度过低时,橡皮变硬发脆,在外力作用下容易产生裂纹。温度过高,橡皮变软,弹性变差,不仅使密封圈与密封面之间的接触压力减小、密封性变差,还会加速密封圈老化。

④密封面不光滑。密封面的光洁程度对密封装置的影响最大。密封面不光滑的原因除加工质量问题外,主要是系统内部不清洁,含有水分和杂质而使密封面划伤、腐蚀等。

(2)液压油变质。

液压油在使用过程中必然要与空气接触而逐渐氧化。液压油氧化后,会产生一些黏稠的沉淀物,使油液流动受阻,并使附件内部的活动零件黏滞或堵塞油孔。液压油中如果含有尘土、金属末等杂质,不仅会堵塞油孔、加剧附件磨损,而且这些杂质还能起到催化作用,加速液压油变质。

(3)金属结合面的密封性变差。

液压附件内部需要灵活运动的零件,有许多没有装橡皮密封圈,靠两金属零件结合面之间保持很小的间隙来保证密封,如钢珠活门、柱形活塞等。金属结合面的密封性变差的原因有以下两点。

①系统不清洁。系统中含有水分、杂质,不仅破坏了油液的润滑性能,加速密封结合面的磨损,使间隙增大,泄漏量增大,还会使金属结合面划伤和锈蚀,加速油液变质,增大零件的摩擦力。油液中混入硬度大的杂质(如砂石微粒)还容易卡住活动零件。

②油压脉动频繁,工作压力过大。油压脉动频繁,以及工作压力过大会使钢珠与活门座之间撞击的频率增加,撞击力加大,也会使柱塞的往返运动的次数增多,从而加剧结合面的变形和磨损。

2）液压油污染

（1）污染来源。

飞机的飞行环境相当恶劣，而液压系统有很多重要部分是与外界接触的。环境中的污染物，如空气、尘埃、水分等，会通过外露的往复运动液压元件、油缸的进气孔和注油孔等进入液压油。在拆卸、安装过程中。工作人员操作不当也会给液压油带来污染。此外，由于内部磨损作用、管路锈蚀、油质氧化而产生的固体颗粒和胶状沉积物对液压油造成的污染也不容忽视。

（2）污染危害。

液压油在使用过程中与空气接触而逐渐氧化，产生的黏稠沉淀物，使油液流动阻力增大，造成附件内部的活动零件黏滞或油孔堵塞。液压油氧化后，还会产生一些胶性物质，使金属导管和附件受到腐蚀。而腐蚀的生成物又会加速油液变质。液压油中如果含有尘土、金属粉末等杂质，不仅会堵塞油孔、加剧附件磨损，而且这些杂质还会起催化作用，使得油液加速氧化。颗粒杂质能磨损液压元件，使其失去工作效能。油中的水分若超标，不但会损坏轴承、使钢件表面锈蚀，还会加速液压油的乳化作用，乳化生成的沉积物降低了冷却器的导热性能，增大了油液的磨蚀作用，影响阀门正常工作。当液压油中含有的气体溢出时会对管壁和元件产生冲刷作用，形成"气蚀"，使系统不能正常工作。

（3）污染的防治。

①不同种类的液压油不能混用。

②液压系统在安装、清洗、测试的过程中须保持现场的最大清洁度，不允许同时进行能引起污染的作业，如钻孔、铆接、修锉等。

③安装液压系统前必须清除飞机结构内部的所有外来物。不宜在风、雨、雪等不利的天气条件下维护液压系统。在安装液压系统时方可打开附件防护内包装或导管端口处的封堵物。

④液压油在注入设备之前须经过严密的过滤（保证其绝对过滤度 10 μm）。为强化油滤效果，可以在油泵出口油滤后面再串装一个高精度油滤。

⑤使用的工具、设备和清洁布应保证无锈蚀、无任何污物和脱落物。

5.4　滑油系统维护工作

1.飞机滑油系统

发动机工作时，各旋转部件（如支承发动机转子的轴承、传动附件的齿轮、联轴器等）的接触面间都以很高的速度作相对运动。摩擦会加速零件表面的磨损，同时生成的大量热量还会导致零件过热甚至损坏，使发动机不能正常工作。因此，滑油系统的主要任务就是把一定压力、一定温度的清洁滑油送到需要润滑的地方，以保证发动机能正常工作。

滑油系统的功能有很多,例如润滑、冷却、清洁、防腐以及提高燃油温度等。滑油覆盖在零部件表面形成一层一定厚度的油膜,可将相对运动的零件金属表面隔开,使流体内部摩擦代替金属摩擦,从而减少摩擦和磨损,同时可减少功率消耗。循环的滑油直接同轴承等运动部件接触,吸收并带走热量,在散热器处又将热量传给冷却介质,使发动机机件得到冷却。滑油在发动机内循环流动过程中,将磨损的金属细末、金属颗粒以及外来杂质一起带走,在滑油滤中将这些微粒分离出来,从而起到清洁发动机的作用。滑油油膜覆盖金属表面,将金属与空气隔离开,起到防止氧化和腐蚀的作用。

除此之外,滑油还可作为工作介质用在某些液压装置和操纵机构中,如用作液压作动筒、螺旋桨调速器、测扭泵、挤压油膜轴承等的工作介质。滑油可在金属零件之间形成缓冲层,起隔振、封严作用。滑油的热量可用于加热燃油,还可作为防冰系统的热源。

滑油系统主要部件包括滑油箱、滑油泵(供油泵和回油泵)、滑油滤、磁屑探测器(磁性堵塞)、滑油冷却器、油气分离器、释压活门、滑油喷嘴和最终油滤、测试仪表等。

2. 飞机滑油系统的维护

滑油系统的日常维护主要包括滑油系统检查、故障排除、添加滑油等。

滑油系统的检查项目有:检查滑油量、检查滑油质量、检查滑油滤、检查磁堵等。

(1)检查滑油量。远程飞机每次飞行后检查发动机滑油量,中程和短程飞机在维修计划规定的间隔检查滑油量。检查滑油箱油量及使用中滑油消耗量滑油加油量是否符合规定,若消耗量超过规定,应查明故障,及时排除。

(2)检查滑油质量。滑油应保持清洁,滑油系统维护中可能遇到滑油污染的问题,可能的污染物有:燃油、水分、灰尘、碳渣、金属屑、酸性物质等,当滑油在使用中受到污染时,应更换滑油。

(3)检查滑油滤。不同机型油滤维护周期有很大的不同,这取决于不同机型的滑油温度条件。应定期拆下滑油滤,进行分解、检查,及时更换有磨损或损坏的滤芯,拆下或更换的滑油滤要用70号航空汽油清洗干净后装机。

(4)检查磁堵。一般滑油系统都有主磁堵,对磁堵进行检查时先检查主磁堵,若发现问题,再检查其他磁堵(若有安装)。在检查时要看清磁堵上的金属颗粒,最好用放大镜进行观察。

滑油系统的常见故障有以下几种情况。

(1)滑油压力过高。滑油压力过高容易引起滑油泄漏,造成滑油消耗量过大,还会使系统中的薄壁结构部件(如散热器)损坏。造成滑油压力过高的原因有:传感器有故障、滑油泵有故障、释压活门卡在关位等。

(2)滑油压力过低。滑油压力过低会造成滑油流量太少,对润滑和冷却不利,使轴承处过热。若滑油压力低于允许最小值,应停车。造成滑油压力过低的原因有:传感器有故障、滑油泵有故障、释压活门卡在开位、漏油等。

(3)滑油温度过高。滑油温度过高则粘度系数降低,在金属部件表面不能形成一定厚度的油膜,使润滑、冷却效果不良,而且会加大磨损,使功率下降。造成滑油温度过高的原因有:传感器有故障、释压活门卡在开位、漏油等。

(4)滑油温度过低。滑油温度过低则粘度变大,流动性不好,也造成润滑、冷却不良、阻力变大、功率下降、起动困难。若滑油因低温严重凝固或超出粘度标准,应更换为低温适用滑油。

添加滑油时要注意以下几点。

(1)保持滑油系统的清洁。应把加油口和加油工具清洗干净,擦加油口盖及加油工具时应用清洁绸布,拆装机件时要保持清洁。

(2)保持滑油系统的密封性良好。每次加油后应盖好油箱口盖,拆装导管、附件后应注意安装正确牢靠,试车时或飞行后应注意检查系统的密封性。

(3)打开滑油加油口盖时,观察滑油气味,如果有燃油气味说明燃油/滑油散热器有漏油,需要进一步排除故障。

(4)合成滑油有一定的毒性,在对滑油系统进行维护时不能让皮肤接触滑油的时间过长,若有接触应及时用水冲掉。

(5)添加滑油必须在发动机停车后的规定时间内进行。当发动机刚停车后,油箱中的滑油温度很高,且油箱内还有一定的压力,因此应等一段时间后才能开油箱盖。

(6)加滑油时,要加规定牌号的滑油,不要加错,不同牌号的滑油不得混合使用。

工作任务

▶ 任务 1　飞机发动机一般性检查

任务情境

飞机放飞前,为确保飞行安全进行常规性、一般性检查。

任务描述

外场维护,在飞机放行前检查飞机发动机,确保飞机安全飞行。

任务分析及执行

(1)目视检查发动机、吊舱和吊架的整体状况,确保无明显损伤和泄漏、包皮扣好、各盖板关闭。检查反推装置在全收回位,无损伤和液体渗漏。

(2)目视检查进气道、进气锥、风扇叶片、风扇导向叶片、尾锥、最后一级涡轮叶片及尾喷管无损伤和无渗漏。

(3)检查风扇叶片的损伤,参考飞机维护手册 AMM 72-21-02/601。

(4)检查涡轮叶片的损伤,参考飞机维护手册 AMM 72-00-00/698.12。

(5)检查整体传动发电机(integrated drive generator,IDG)滑油量并按需勤务,确认 IDG 压差指示器未弹出。参考飞机维护手册 AMM 12-13-21/306、AMM 12-13-21。

(6)整体传动发电机(IDG)滑油勤务。

(7)检查发动机余油管无液体渗漏迹象,参考飞机维护手册 AMM 71-71-00/601。

(8)在发动机停车后 5~30 min 内检查发动机滑油量,如油量少于 80%(17 qt≈16 L),在 5~30 min 内将发动机滑油加满,并在技术记录本上记录滑油添加量。

▶ 任务 2　飞机滑油的一般性检查

任务 情境

航空润滑油是指飞机发动机及仪表、设备所用的液体润滑剂。可分为石油基润滑油(或称矿物类润滑油,简称矿物油)和合成润滑油两大类。还可按用途分为各类航空发动机用油及航空仪表用油等。各类型发动机润滑油的主要作用均相同,即减少摩擦表面的相互摩擦力、保护摩擦部件免受化学和机械磨损、吸收摩擦热量并随油循环将其转移。

任务 描述

检查飞机滑油系统的常见问题,确保飞机发动机的正常工作。

任务 分析及执行

(1)发动机停止工作后,在驾驶舱检查滑油量指示,过站时滑油量低于 80% 或 17 qt(≈ 16 L),添加滑油。航后只要滑油箱不满,即将滑油加满。

(2)打开右侧风扇包皮的发动机滑油勤务盖板。

注意:①发动机停车 5 min 内不要打开滑油箱加油口盖,如果单项活门失效,热油可能从滑油箱喷出并伤人。

②如果皮肤接触了滑油,必须彻底清洁皮肤。滑油浸湿衣服必须立即脱下,如果滑油接触皮肤时间较长,可能会引起皮炎。

③立即清洁滑油溅落的油漆表面,滑油将污染衣物和使油漆变软。

④在滑油箱冷却之前(发动机停车 30 min 后)添加滑油,如果油箱冷却下来再添加,可能添加太多的滑油并引起滑油消耗率的不正确指示。

(3)按以下步骤打开滑油箱加油口盖。

　　①用棉质抹布清洁集油器,抬起加油盖手柄。

　　②逆时针旋转加油口盖并打开,从加油口拉出加油口盖。

注意:①滑油取样工作必须在发动机停车 15～30 min 内,加油之前进行。

②取样时要确保滑油箱和集油器是干净的,如果滑油箱和集油器不干净,滑油取样工作会污染油箱和油样。

(4)打开加油口盖时,检查滑油里是否有燃油。

当打开加油口盖时如果有燃油蒸气喷出,检查滑油里是否有燃油。如果滑油箱里有燃油,须更换主燃/滑油热交换器和伺服燃油加热器,并冲洗发动机滑油系统。否则可能会损伤设备。

如果怀疑滑油里有燃油,可以用黏度计检查滑油。如果测试失败,说明滑油里有燃油,须更换主燃/滑油热交换器和伺服燃油加热器。如果测试通过,说明滑油里没有燃油。

如果发动机滑油存在污染,必须冲洗滑油,滑油污染会引起发动机损伤。

(5)向滑油箱加油口添加滑油直至视窗的满标记。

如果未经批准或不同型号的滑油加到发动机里,做以下工作:

　　①如果添加量少于10%(2 qt≈1.9 L 或更少),不需做任何工作。

　　②如果添加量多于10%(2 qt≈1.9 L 或更多),在下个航班之前必须放掉并重新加油。

(6)按以下步骤安装加油口盖。

　　①检查加油口盖封圈,确保封圈在位,如果封圈损坏或老化,更换封圈。

　　②把加油口盖压入加油口,顺时针旋转加油口盖手柄并锁定,向下按加油口盖手柄到关闭位置。

(7)关闭加油盖板。

▶ 任务 3　轮胎的充气及放气

任务情境

飞机轮胎的主要作用是支撑飞机自身重量,在飞机起飞、着陆和滑行时,承受垂直方向的载荷,以及与地面产生制动摩擦力,为飞机安全起降起到重要的保障作用。

任务描述

轮胎气压影响轮胎的使用性能,飞机轮胎气压过高、过低都会导致轮胎异常磨损,使轮胎发生错线,降低轮胎的减震性能和抗冲击能力。对航空轮胎充放气,确保轮胎气压正常可靠,非常重要。下面将进行飞机轮胎充气和放气的勤务。

任务分析及执行

1.任务准备

(1)用轮轴千斤顶顶起主起落架轴,如图 5-19 所示。

(2)轮轴千斤顶处于千斤顶支点下顶起飞机机头起落架。

(3)向轮胎增加氮气或空气。

(4)安装起落架下位锁销。

图 5-19　起落架轮胎勤务

2.工具/设备

轮胎放气装置,活门核心拆卸和安装工具。

3.位置区域

前起落架、左主起落架、右侧主起落架。

4. 将轮胎放气

(1)如下位锁销未安装在前起落架和主起落架内,执行此任务:起落架下位锁销安装。在无下位锁销的情况下,起落架会收缩并造成人员伤害和设备损坏。

(2)给轮胎放气前,确保机轮和轮胎组件脱离地面。

(3)用小孔轮胎放气装置将轮胎放气。

注意:①始终从前或者从后接近机轮。

②如果轮胎发热,则在放气前让轮胎冷却。

③不得拆卸活门芯,直到完全给轮胎放气。如果轮胎完全放气前拆卸活门芯,则活门芯会在高压下排出,对人员造成伤害。

如因为活门芯损坏而不能使用常规程序为轮胎放气,执行下列步骤。

①逆时针方向慢慢地转动活门组件直到空气经过凸缘泄漏。

②轻按活门组件。

③所有气体释放后,从轮胎拆卸活门组件。

(4)从机轮和轮胎拆卸活门盖。拆卸机轮和轮胎组件前必须给轮胎放气。在拆卸该组件之前,如果不把轮胎里的气放掉,则损坏的机轮和轮胎会发生爆炸,造成人员伤害或设备损坏。拆卸时确保所有人员已远离充气活门通道。如果拆卸时活门放出,会使人员受伤。

5. 给轮胎充气

执行该任务:向轮胎增加氮气。

不得将轮胎过度充气。如果给轮胎过度充气,则轮胎和/或机轮会损坏,还可能会造成人员伤害。

◉ 任务 4　轮胎和机轮检查

任务情境

轮胎检查包括损伤检查和磨损检查。飞机轮胎普遍采用子午线轮胎和斜交线轮胎。两种轮胎均由胎面、加强层、胎体帘布层、内壁、基部钢线组成。

任务描述

(1)俯身检查胎面、侧壁。

(2)检查胎面时,移除轮挡。

(3)航空器移动后,再次执行轮胎检查。

(4)轮胎扎伤后,使用专用工具测量。

(5)轮胎嵌入外来物时的处理。

任务分析及执行

1.任务分析

(1)机轮的快速检查。

(2)机轮的检查。

(3)轮胎的检查。

2.机轮的快速检查(机轮已安装在飞机上)

(1)起落架下位锁销安装。位置区域:前起落架、左侧主起落架、右侧主起落架。

注意:将下位锁销安装到所有起落架。在无下位锁销的情况下,起落架会收缩并造成人员伤害和设备损坏。

(2)检查机轮查找以下损坏形态。

　　①腐蚀。

　　②裂纹。

　　③剥落或者起泡的喷漆。

　　④隔热罩损坏。

　　⑤可见的系紧螺栓和系紧螺帽的松动、损坏,或者缺失。

　　⑥过热损坏。

　　⑦沿机轮边缘的刮痕(显示机轮在无轮胎时滚动)。

注意:不必拆除轮毂盖以检查机轮是否损伤,除非检查表明所存在的状态需要通过轮毂盖对隐藏区域进行更详细的检查。

(3)确保轮毂盖未松动。

3.机轮检查(机轮已从飞机上拆卸)

1)位置区域

前起落架、左侧主起落架、右侧主起落架。

2)程序

(1)检查机轮。

 (a)断开。

 (b)腐蚀。

 (c)裂纹。

 (d)变形。

 (e)剥落或者起泡的喷漆。

 (f)隔热罩损坏。

 (g)系紧螺栓和系紧螺帽的松动、损坏,或者缺失。

 (h)刻痕或者划痕。

 (i)过热损坏。

 (j)沿机轮边缘的刮痕(显示机轮在无轮胎时滚动)。

 (k)磨损的镀层。

 (l)其他损坏。

(2)检查滑脂密封件。

 (a)缺口。

 (b)划痕。

 (c)过热损坏。

(3)检查轴承和轴承表面。

 (a)变形。

 (b)磨平点。

 (c)充分润滑。

 (d)摩擦。

(4)检查刹车键槽插件是否磨损。

(5)检查机轮隔热罩。

 (a)裂纹。

　　(b)摩擦。

　　(c)其他损坏。

(6)确保机轮配重安装牢固。

(7)如机轮有一个吹热保险丝,执行此任务:高能停止。

4.轮胎检查

1)位置区域

前起落架、左主起落架、右侧主起落架。

2)程序

(1)起落架下位锁销安装。

(2)执行该任务:起落架轮胎压力检查和轮胎维护。

　　(a)检查轮胎是否有漏气、磨损、异常磨损区域、切口、和磨平点。

　　(b)检查轮胎是否存在污染。保持轮胎无诸如:滑油、燃油、液压油、飞机清洁剂和滑脂的污染。如果有害化学品可能溅在轮胎上,则覆盖轮胎避免污染。如果轮胎污染,则用肥皂剂擦掉轮胎污染物。如果轮胎表面出现柔软、松软,或有鼓包,则尽可能快地拆卸轮胎。

　　(c)拆卸有下列状况的轮胎:凹槽、胎面、双肩或侧壁内的切口或风化裂纹(图5-20)超过限制。胎面,胎肩或者胎侧壁区域内有起泡、膨胀,或其他层分离痕迹。显现出胎面增强层(斜纹)或防割层(径向)的带平点的轮胎,如图5-21所示。

　　(d)检查轮胎是否有磨损区域:在等分的三点处测量胎面密封槽的深度。如在任一位置出现外胎面带层(径向)或骨架层(斜向),则轮胎必须进行更换且不能再使用。如果胎面磨损使切割保护器(径向)或胎面增强层(斜向)显示在任何位置,则必须在下次维护时更换轮胎,如图5-22所示。

注意:如果切割保护器(径向)或胎面增强层(偏向)显示,则应尽快更换轮胎。必要时,轮胎用于少数起落直到更换。但是,如果轮胎处于该状况太久没有维护,则不能修补轮胎。

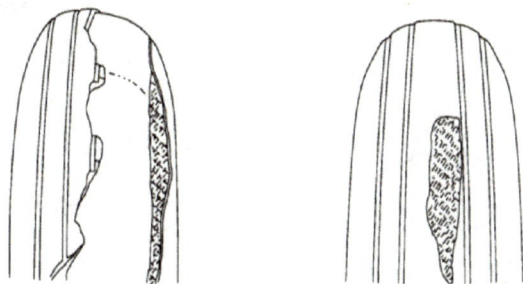

图5-20　轮胎胎面破损

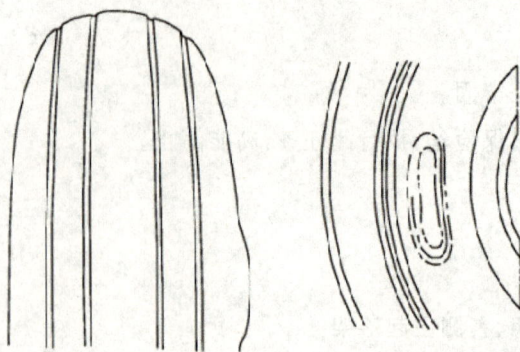

图 5-21 轮胎鼓泡

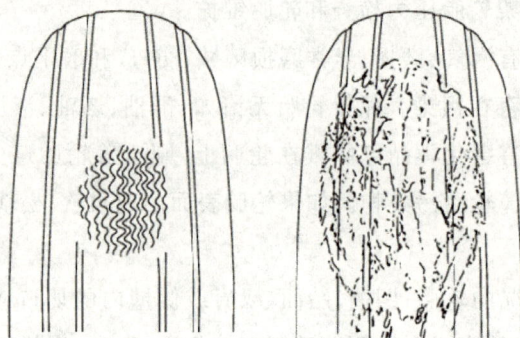

图 5-22 轮胎磨损状况

▶ 任务 5　轮胎气压的检测

任务情境

在飞机外场维护工作中,胎压的检查是必做工作,对于飞机其前轮和主轮都有一个适当的胎压范围,飞机着陆时机轮要受到较大的冲击力及摩擦生热的过程,胎压过高会有爆胎的危险,胎压过低则会导致刹车效率下降、侧磨爆胎。正确的胎压可以提高飞机的着陆性能,并降低着陆过程中的不安全风险。

任务描述

起飞前,对飞机的胎压进行测量,确认飞机所有轮胎的压力是否在正常范围内。

任务分析及执行

1.工作准备

(1)领取工卡并预读内容。

(2)领用工具、耗材并清点数量。

2.工作步骤

1)确保已安装起落架安全销

2)轮胎勤务

(1)拧下轮胎防尘帽。

(2)测量并记录轮胎气压值。

(3)使用渗漏测试剂检查轮胎气嘴是否有渗漏。

(4)填写记录表5-1,对比实测值与手册要求气压值,判断是否进行充气或机轮更换等工作,并报告。

表 5-1　轮胎气压记录表

日期	气压记录表	气压值					
		前轮		左主轮		右主轮	
		左	右	内	外	内	外
	充气前						
	充气后						

（5）完成后清洁气门芯，安装防尘帽。

3. 结束工作

（1）清点工具、耗材等。
（2）清理工作现场。
（3）归还工具设备。
（4）签署工卡。

▶ 任务 6　软式操纵系统的润滑

任务情境

钢索在使用过程中会与滑轮、扇形盘、气动封严、导向装置以及周围可能接触的部件相互摩擦而导致钢索磨损和断丝。因此必须做好钢索的润滑工作。

任务描述

对飞机上的软式操纵系统部件——钢索进行润滑。

任务分析及执行

用干燥不起毛的布包住钢索,采用"拉布法"来回擦拭。

1)碳素钢操纵钢索的润滑要求

(1)在钢索的全行程涂一层薄薄的润滑脂。

(2)用清洁的布擦拭,只留下一层薄薄的润滑脂。

(3)导索板、导索环、气动封严、滑轮、扇形盘、鼓轮等区域不能涂润滑脂,否则会阻碍钢索的移动。

2)钢索清洁和润滑注意事项

(1)由于溶剂(丁酮洗剂、脱脂溶剂)对钢索内的润滑剂具有溶解作用,不要将钢索浸泡在溶剂中。

(2)邻近大翼和吊舱等高温区域的钢索的润滑剂很容易失效,应重点检查。

(3)不要使用溶剂、油脂或油液润滑不锈钢钢索。这些材料会聚集污染物,损伤不锈钢钢索内部股与股之间的表面,降低钢索的使用寿命。

▶ 任务 7　液压油的维护

任务 情境

导致液压系统不正常工作的因素主要有密封装置损坏、金属结合面不密封、零件运动不灵活、附件壳体和导管损坏等。液压油变质也是造成液压系统不正常工作的重要因素。

任务 描述

对飞机上的液压油液进行维护,确保飞机的正常工作。

任务 分析及执行

1.保护油液的纯净

飞机液压精密程度较高,零件间隙很小。为了延缓零件磨损,防止零件腐蚀、划伤和卡滞,保证附件工作正常,必须保持油液纯净,严防杂质、水分混入系统。飞机越先进,附件越精细,保持油气纯净就越重要。

2.防止水分、杂质进入油箱

(1)保持加油口盖密封装置完好,防止雨水进入油箱。

(2)每次打开加油口盖前,应用绸布把加油口擦拭干净。

(3)检查完用油量或加油后,及时盖好加油口盖。

(4)添加油料前,检查加油枪、漏斗是否清洁。

(5)雨、雪和风沙天气添加油料时,要有防护措施。

(6)取放加油口油滤和油枪时,要防止互相摩擦,以免金属屑进入油箱。

(7)由于水分、杂质多沉淀于油箱底部,因此,在加油时,不要搅拌桶内的油液,桶底的油不要加入油箱。

3.防止水分、杂质进入附件和管路

(1)拆装附件和导管前,把接头清洗干净。拆卸后,及时包扎、堵好接头。安装新导管时,先吹净内壁。雨、雪和风沙天气拆装附件和导管时,要采取防护措施。

(2)清洗油滤以及分解、清洗附件内部时,一律用 70 号航空汽油。

(3)各种设备要经常保持清洁。工作前,要把所使用的导管、接头、堵盖清洗干净。

(4)经常保持地面液压泵清洁。地面液压泵的出口应安装油滤。往飞机上连接导管前,要把接头清洗干净。

(5)在沿海地区和气候潮湿季节,为了防止水分渗入活塞杆的镀铬层(镀铬层硬度大,耐磨,但组织不紧密),应当酌情在前/主起落架动作筒的活塞杆上、前/主减震支柱的活塞杆上,以及合轮舱盖动作筒的活塞杆上涂上薄薄的一层 2 号低温润滑脂。

(6)为了防止润滑脂和尘土被活塞杆带入系统或减震支柱内,使液压油变质,飞行前或收起落架前应将上述活塞杆上的润滑脂擦净。

(7)定期清除系统内的杂质。

(8)油液中的杂质通常呈两种状态。一种是悬浮状态,即杂质悬浮在油液中,另一种是溶解状态,它与油液融合为一体。悬浮状态的杂质可以由油滤的滤芯来过滤。溶解状态的杂质只能通过更换系统的液压油去除,以保持系统内的油液纯净。

课后进阶

1.分析滑油系统功能。

2.分析滑油系统维护的基本方法。

3.起落架的功能是什么？构型有哪几种？

4.分析起落架轮胎气压的检查和充气方法。

5.分析发动机的基本组成。

6.分析飞机发动机维护的要点。

阅读材料

张淋:"吹哨人"精神在基层一线熠熠闪光

项目6 绕机检查

●知识目标

1.掌握飞机外部部件位置、部件主要功能等基础知识。

2.掌握对照标准,理解相关检查标准的方法。

3.掌握绕机检查方法及流程。

●能力目标

1.能够正确完成飞机绕机检查工作,完成飞机外部部件识别。

2.能够正确理解手册或工作单中绕机检查各项目标准。

●素质目标

1.具有安全意识、责任意识、风险意识、工匠精神。

2.敬畏生命、敬畏规章、敬畏职责,具有社会责任感和社会参与意识。

3.实事求是、认真负责,有较强的团结协作意识和刻苦耐劳精神。

情景 导入

绕机检查这个看似普通的每天都会遇到的工作项目与保障飞机安全密不可分。现代飞机虽然一般都有着自身的故障监控系统,但是这套系统却无法监控到飞机的外部损伤与管路的跑冒滴漏。绕机检查可以说是每一名飞机维护人员的基本功,对飞机外部部件、内部构造,甚至各系统的一些基本原理的理解都可以通过绕机检查项目一步步建立起来。

知识 导航

绕机检查基础知识

1.航前维修

航前维修,顾名思义,一般指飞机执行首次飞行任务前所进行的例行检查、勤务和排除故障的工作。其最主要的目的就是保证飞机技术状态正常,满足飞行要求。一般来说,航前维修工作包括:飞机交接、轮胎气压测量与轮胎充气、放燃油沉淀、执行航前检查工作单和飞机出港送机等。

航前检查工作单的主要内容为对各区域、系统的检查和测试,期间可能需要执行开关舱门和勤务盖板,取下发动机布罩、起落架安全销、皮托管套,接通电源、引气、空调、液压系统等辅助工作。

2.航后维修

航后维修是在飞机飞行任务结束后,所进行的例行检查、勤务和排除故障的工作。

一般来说,航后维修工作包括:飞机入港接机、减震支柱镜面清洁、发动机滑油补充、执行航后检查工作单、飞机故障排除等。

航后检查工作单的主要内容为对各区域、系统的检查和测试,期间可能需要执行开关舱门和勤务盖板,安装发动机蒙布、起落架安全销、皮托管套,接通电源、燃油、引气、空调、液压系统等辅助工作。航空器故障排除工作的主要内容是对于飞机监控到的故障信息以及机组反映的故障现象进行处理等相关维修工作。

3.绕机检查路线

图 6-1 所示是一个典型绕机路线。从机头左侧开始,经过机头前部到达机身右侧,继续往后走来到飞机的发动机部分,这里需要重点检查。接着是大翼前缘,绕过翼尖,走到大翼后缘,然后来到起落架部分。接着来到中部机身,以及后部机身,到达飞机尾部,然后到对侧按照相反的顺序回到起始位置,完成一圈完整的绕机检查。

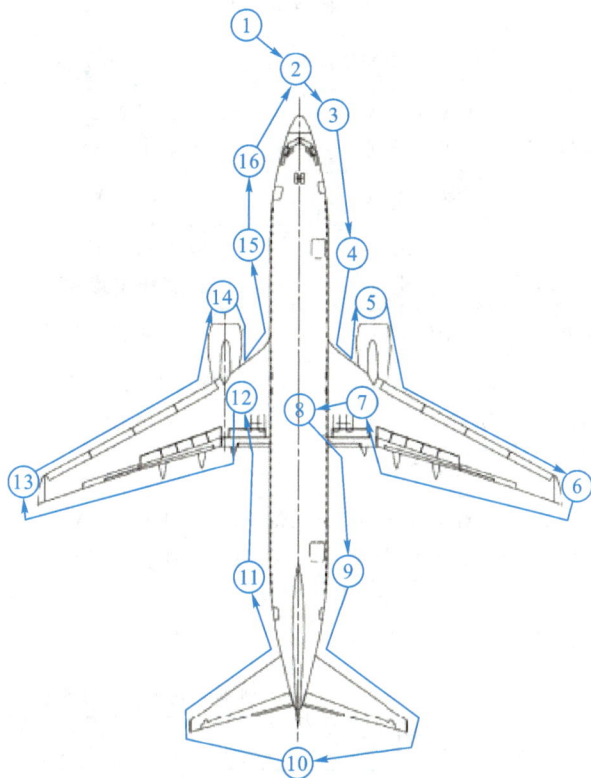

1—场外区域；2—机头区域；3—前起落架和轮舱区域；4—右侧前段机身区域；5—右发动机区域；6—右大翼区域；7—右主起落架区域；8—主轮舱区域；9—右侧后段机身区域；9—尾翼区域；10—左侧后段机身区域；12—左主起落架区域；13—左大翼区域；14—左发动机区域；15—左侧前段机身区域；16—货舱区域。

图6-1 典型绕机线路

在绕机检查过程中，检查到某一部位时，要一方面用手去指着此部位的各个检查要点，另一方面同时口述检查时的注意事项与检查标准，这样可以非常有效地帮助维护人员集中注意力，从而更好地完成绕机检查工作。

4.绕机检查工作单

表6-1所示是一个典型的航前工作单示例，可以看到上面标注着检查项目与流程。它不仅可以帮助维护人员完成检查工作，更重要的是防止维护人员因为疏忽而漏掉一些关键项目的检查，因为每项检查的完成质量都会关乎飞行安全。在实际工作中按照工作单来执行每个检查项目，就不会有漏项、漏检情况的出现。

表 6-1 典型航前工作单

JOB CARD 工作卡				
A/C TYPE 机型	A/C NO. 机号	CARD CAT 工卡类别	Card No. 工作卡号	Page 7 Of 148
737-700/800		航线工单	×××	第 7 页 共 148 页
THRS\REP 首做\重复间隔	Man Hour 参考工时	SKILL 专业	WORK AREA 工作位置	Revision 版次
PF	2.0	ME&AV	详见工单	1
REFERENCE/DATE/REV 依据及参考文件/日期/版本			RELATED CARD 关联工卡	TASK 任务
737-700/800 MP/2019-09-20/V1702				详见工单
Composer/Date 编写者/日期	Check/Date 校对者/日期	Approve/Date 批准者/日期	Actual ManHours 实际工时	Accomplished 航线工单签署	Station/Date 航站/日期
××× 2020.1.1	××× 2020.1.1	××× 2020.1.1			
标题			航前工作单	
	机下区域			工作者

1. 一般工作

1.1 取下起落架安全销;检查起落架安全销和红色标记带完好,安全销、保险销及连接绳无明显损伤;将其存放在登机门口左侧显著位置;

1.2 取下皮托管套并检查红色标记带完好,并将其存放在登机门口左侧显著位置;

1.3 确保轮胎气压已测量、轮胎气压监控本气压已正确填写,前轮和主轮轮胎气压标准为 205+/-5 psi。

2. 机头区域

2.1 目视检查雷达罩固定良好,无外来物损伤。

3. 前起落架和轮舱区域

3.1 目视检查前起落架舱门、锁定连杆及其弹簧、前轮转弯钢索外观正常,无外来物损伤;

3.2 目视检查前轮舱区域地面无油液积存现象(由于维护工作造成的油液积存除外),目视检查轮舱前后壁板、顶板无油液喷射痕迹;

3.3 目视检查前起落架减震支柱内筒镜面有外露、无划伤,无油液漏现象。

4. 右前机身区域

4.1 目视检查右侧皮托管(共 2 处)外来物损伤,右侧迎角传感器外观正常,无外来物损伤;

4.2 从地面目视检查机组氧气释放指示片在位;

4.3 目视检查右侧静压孔(共 3 处)无堵塞;确保主静压口周围光铝部分清洁、无污物,并确保右侧主静压口周围 RVSM 关键区域内的蒙皮无损伤、裂纹和腐蚀,蒙皮光滑度符合要求;

4.4 从地面目视检查右侧前段机身可见蒙皮(含各舱门蒙皮、盖板)、客舱窗户、前……

工作 任务

▶ 任务 1 航前绕机检查工作

任务情境

　　飞机每次出航前,机务人员都要对飞机进行检查,及时排除故障和缺陷,保证飞机升空后,机械处于完好状态。一般来说,航前维修工作包括:飞机交接、轮胎胎压测量和充气、起落架镜面清洁、燃油沉淀检查、执行航前检查工作单和飞机出港送机。

任务描述

　　以 A320 系列飞机为例,深入学习航前绕机检查中的重点项目,并完成相关项目的检查。

　　1.掌握飞机绕机检查流程与方法。

　　2.掌握航前飞机绕机检查注意事项。

任务分析及执行

1.机身外部检查

　　如图 6-2 所示,可以看到在机身前部首先应该检查的就是雷达罩。雷达罩由复合材料制成,保护着气象雷达天线。首先,需要检查雷达罩外表面是否有划伤、凹陷、掉漆等表面损伤的情况,并检查雷达罩上传导静电的导电条是否完好在位,有无损伤。同时作为飞机最前端,还应检查是否在飞行中遭受鸟击或雷击。雷达罩遭受鸟击时,如果在清洁完之后经过检查无损伤发生,飞机就可以正常放行。但如果出现凹坑甚至穿孔,发现损伤超标,则须完成雷达罩的更换之后,飞机才能继续执行航班。

图 6-2 飞机前部

机身前侧还安装有总温探头、空速管、迎角探测器、静压孔等探头,它们为飞机提供温度、迎角、空速、高度等重要飞行参数。由于这些探头都是精密部件,所以首先需要检查是否存在损伤,可能很小的损伤都会对参数的采集造成误差,从而影响飞行安全。以静压孔为例,对于飞机来说,高度分为两种,一种是无线电高度,一种是气压高度。无线电高度是指由无线电高度表,在一定飞行高度内,通过无线电发射与反射回来接收时间的差值,测出的真实飞行高度。另一种就是气压高度,在民航客机正常的高度内,随着海拔的升高,气压是按一定的函数关系下降的,所以测出气压值就可以计算出当前的气压高度值。在静压孔的外围有一圈红色矩形区域,如图 6-3 所示,在检查时如果在这个红色的矩形区域内发现了明显的划痕或凹坑,需要及时上报此信息,并进一步查询标准,确认损伤是否超出标准值,以保证流过静压孔的气流平缓而测出准确的压力值。还需要检查是否存在阻塞,之前某航司曾发现有小昆虫钻进了飞机的空速管里,在检查时,如果发现阻塞物应立即处理。

图 6-3 飞机静压孔与红色矩形区域

接着来到飞机前下部,可以看到这里有很多飞机天线,如图 6-4 和图 6-5 所示。首先应该检查是否存在损伤、风蚀或遭受雷击。天线检查时更重要的一点是检查天线是否存在裂纹。

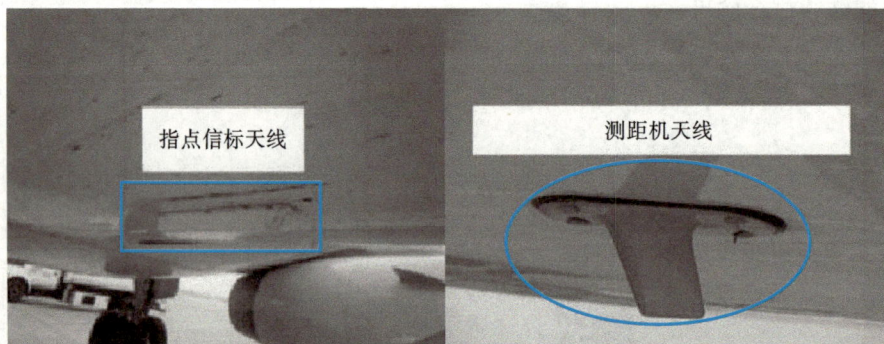

图 6-4 指点信标天线与测距机天线

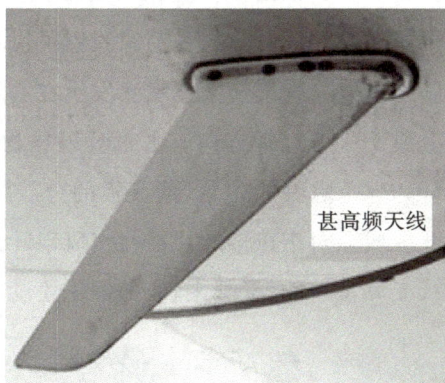

图6-5　甚高频天线

　　机身前下部,还有另外一个重要区域,那就是飞机前起落架与轮舱区域,如图6-6和图6-7所示。对于轮舱区域的检查要点为轮舱门、轮舱、起落架无损伤、无渗漏,对于起落架区域首先需要检查轮胎的磨损情况,这是每一个航班落地后都需要检查的。对于机轮轮缘检查有无损伤,机轮固定螺栓无损伤、无丢失,以及出现的损伤是否超标。同时在检查前起落架时应检查起落架减震支柱上部安装的滑行、起飞和转弯灯灯罩是否损伤,灯丝是否断裂,如发现相应故障应及时处理。同时还应检查位于机身左侧的机组氧气瓶绿色释压片是否在位无破损,如果绿色圆片不在位需更换机组氧气瓶。

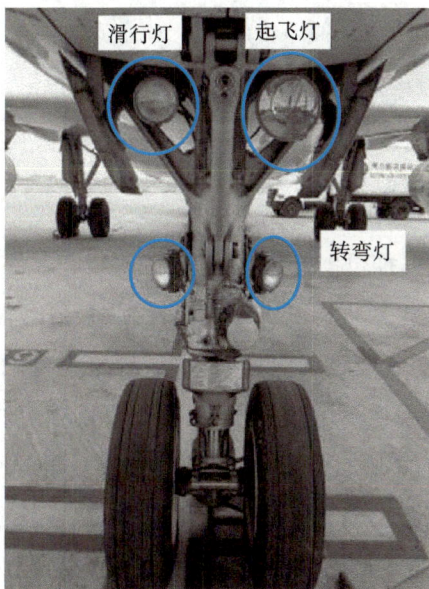

图6-6　飞机前起落架

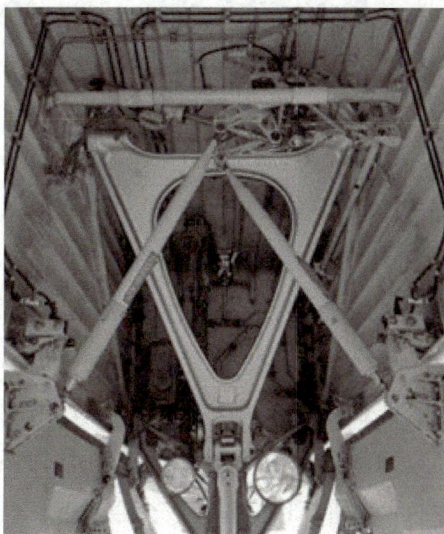

图6-7　飞机轮舱区域

绕完机身前部接着来到发动机区域,如图6-8所示,发动机为飞机提供飞行动力,这自然是检查的重中之重。首先需要检查发动机的前缘,在前缘我们可以看到唇口、进气道、消音板和风扇叶片。因为气流是从前到后,所以异物损伤大概率会发生在前缘。沿发动机进气道从后往前看,将整个圆周像钟表一样分成1~12点钟方向。由于吸入异物以及维护等原因,发动机进气道的损伤大概率会发生在下部5~7点钟的位置,消音板的分层鼓包也大概率发生在这个位置,应着重检查发动机进气道此区域。对于风扇叶片需检查风扇叶片清洁、无损伤,叶片前缘无明显缺口、无变形卷边、无裂纹、无异常声响、无外来物,前锥无松动、无损伤。

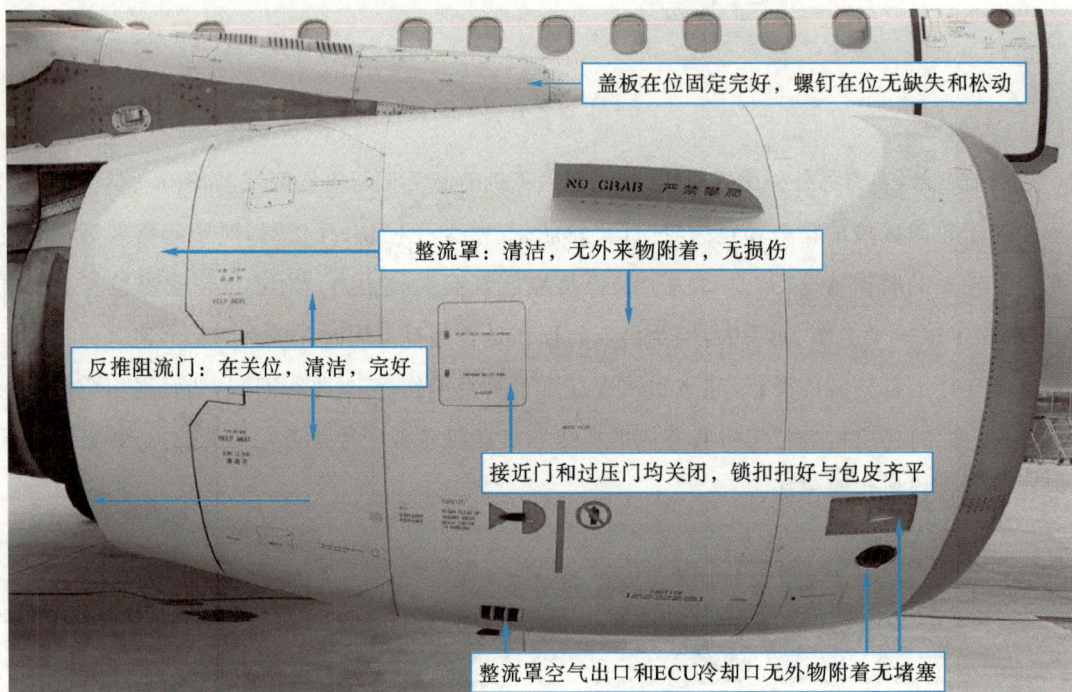

盖板在位固定完好,螺钉在位无缺失和松动

整流罩:清洁,无外来物附着,无损伤

反推阻流门:在关位,清洁,完好

接近门和过压门均关闭,锁扣扣好与包皮齐平

整流罩空气出口和ECU冷却口无外物附着无堵塞

图6-8 飞机发动机

检查完前缘绕到发动机两侧,分别是风扇包皮和反推包皮,保护着发动机的核心部件,同时提供较好的气动构型。风扇包皮上有一些接近口盖,在紧急情况下可用于发动机释压,需检查这些接近口盖完好在位。发动机反推为飞机落地滑跑时提供反向推力,减少滑跑距离,增加安全系数。但是反推在空中是绝对不能打开的,否则后果将不堪设想,在地面需要检查它的机械部分完好,反推门平齐在位。在检查发动机时,需要弯下腰进行检查,目的是观察下部是否有油液的渗漏。油液的渗漏大致可分为两种:内漏和外漏。内漏是部件内部发生渗漏,这是轻微且可接受的,发动机部件内漏一般会通过底部排放杆(图6-9)收集流出。但是如果是部件发生外漏,渗漏发生在部件外部或结合面之间,这些渗漏的液体就会随着重力从发动机的包皮缝隙处流下来,如果在检查时发现有外漏的油液,就需要进行进一步检查。另外还需检查吊架排放

杆(图6-10)有无渗漏,由于在发动机吊架里安装有飞机液压与燃油系统管路,如果在吊架里的管路出现渗漏,油液同样会在重力作用下从吊架排放杆处流出,在此处发现问题同样需要进一步检查,找出渗漏点。

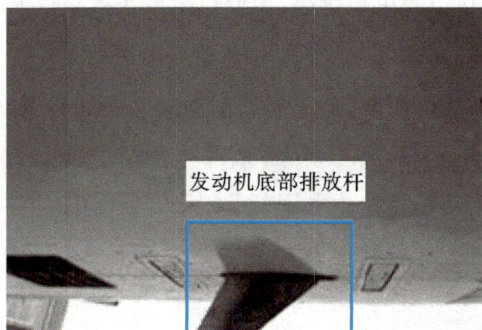

图6-9 发动机底部排放杆

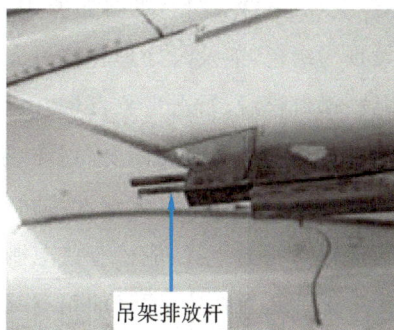

图6-10 吊架排放杆

检查完两侧接着来到发动机后缘,在这里我们需要检查风扇出口消音层是否无损伤、无血迹(鸟击痕迹)、无外来物,低压压气机出口导向叶片无损伤、无外来物。最后一级低压涡轮叶片、喷口、尾锥无损伤、无金属沉积。运转后发动机后缘会喷出高温高压的气体,需检查涡轮叶片与消音板(图6-11)是否存在断裂、烧蚀的情况。

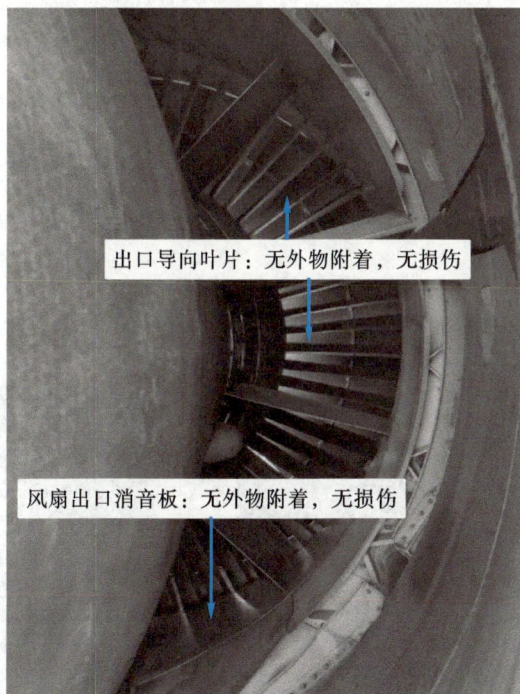

图6-11 CFM56发动机出口导向叶片与消音板

依据绕机路线,继续对右大翼进行检查。首先应检查大翼前缘缝翼是否无外来物损伤、无鸟击血迹、无雷击现象、无凹坑划伤、无铆钉松脱、无油液渗漏。检查完大翼前缘后对大翼翼尖进行检查,需检查航行灯与频闪灯灯罩是否完好无裂纹,灯罩固定螺钉是否无缺失。飞机航行灯遵循着"左红、右绿、尾白"的分布原则,如果安装位置出现错误,如左边本应为红色航行灯,实际检查发现为绿色,应及时处理。绕过大翼翼尖来到大翼后缘,这里需检查飞机副翼有无凹坑、划伤、裂纹、铆钉松脱、雷击现象,以及两侧封严条是否在位、副翼伺服作动筒整流罩是否在位且无油液渗漏。检查襟翼有无凹坑、划伤、裂纹、铆钉松脱、雷击现象,以及两侧封严条是否在位、襟翼滑轨整流罩是否完好且无油液渗漏。大翼上还安装着放电刷(图 6-12),作用为消除飞机上静电对通讯系统的干扰,应检查放电刷是否在位、无损伤。在大翼下表面需检查油箱过压释放白色十字圆片是否在位,通气油箱空气进口有无堵塞,加油口盖有无损伤、是否锁定。

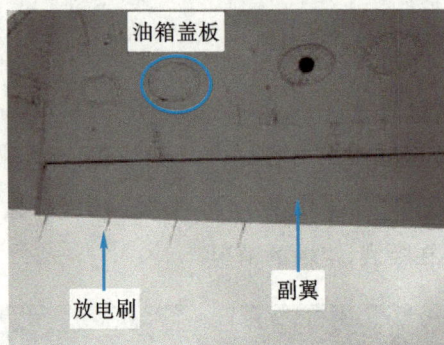

图 6-12　飞机大翼放电刷、副翼、油箱盖板

检查完飞机右大翼,来到起落架区域(图 6-13)继续进行检查,首先需要检查轮舱门、轮舱(图 6-14)、起落架有无明显损伤,起落架区域存在大量的液压管路,故需要检查液压管路有无渗漏。

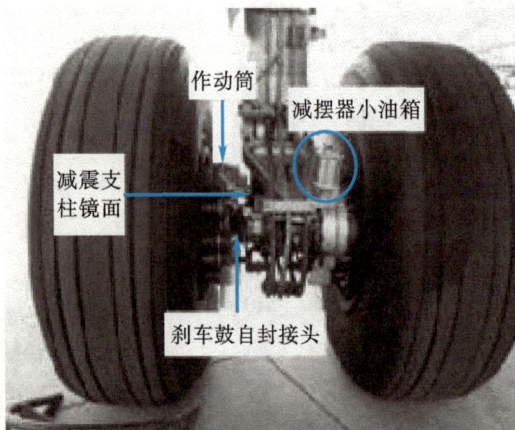

图 6-13　飞机起落架区域

图 6-14　主轮舱区域

接着检查起落架减震支柱(图6-15)滑筒是否伸长正常,有无损伤、渗漏,机轮轮缘有无损伤,固定螺栓有无损伤、丢失。

飞机机轮(图6-16)检查是每次航班起飞前的必要检查项目,如出现磨损、损伤超标,必须更换轮胎后才能继续执行航班。由于航后已经完成了机轮的严格检查,航前的主要工作是如发现航后更换了轮胎应做好复检,并告知机组航后做了哪些相关维修工作。同时航前还应检查刹车磨损指示是否超标,检查标准是设置停留刹车时,指示销伸出量应大于或等于0.5mm。需要注意,对刹车磨损的检查必须是在停留刹车设置刹车后,不能在未设置停留刹车时就检查刹车指示销,未设置停留刹车的指示销检查是无效的。另外还应检查刹车组件有无渗漏、损伤。最后检查位于起落架上方区域的着陆灯有无损伤、灯罩有无裂纹。

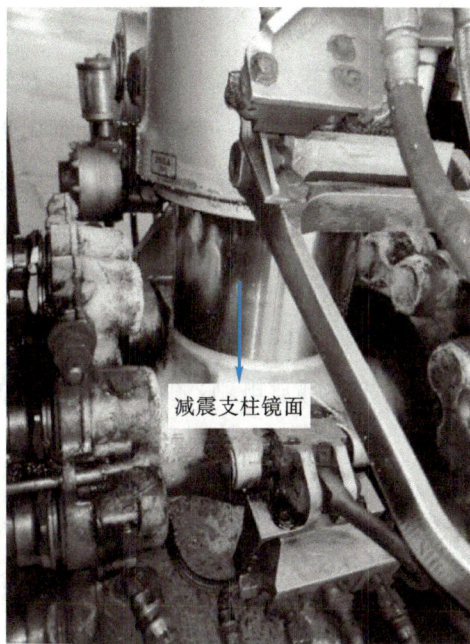

图6-15 起落架减震支柱

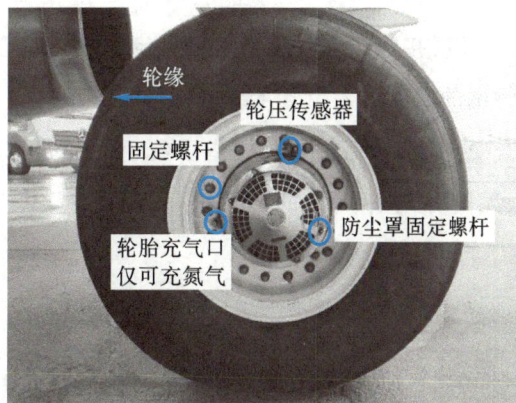

图6-16 飞机机轮

检查完飞机右起落架区域,接着需要对机身右后区域(图6-17)进行一般目视检查,包括机身、2R门(A319/A320)或3R/4R门(A321)、后货舱门、散装货舱门无损伤,对于A319-115型和A319-133型飞机需检查旅客氧气瓶机外绿色释放片是否在位,如绿色圆片不在位,说明旅客氧气瓶已发生过压释放,此时必须更换旅客氧气瓶。正常状态下,地面外流活门应处于全开位,检查外流活门是否无损伤、无堵塞,饮用水和废水排放孔有无损伤,污水勤务接近面板是否无损伤且锁定。

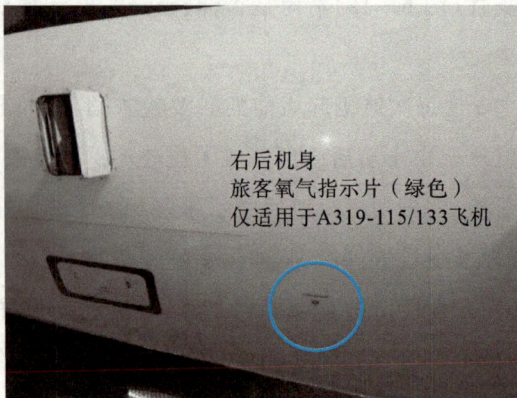

图 6-17　机身右后区域

　　完成飞机右后机身区域检查，来到机身尾部区域（图 6-18），首先应检查水平安定面和升降舵、垂直安定面和方向舵是否无损伤、无渗漏。由于舵面的控制作动器一般安装在舵面附近的接近盖板内，如果发现盖板周围出现油液渗漏，需打开舵面控制作动器接近盖板进一步完成检查。接着对 APU 空气进气口、APU 排放口、尾喷口、通气口进行检查，查看有无明显损伤存在。APU 接近口盖应无损伤且锁定完好。对 APU 区域检查时如果发现滑油渗漏应尤为关注，如渗漏的滑油进入引气系统应谨慎妥善处理。检查尾部航行灯和频闪灯灯罩有无裂纹、损伤，检查 APU 灭火瓶过压释放指示红色圆片是否在位。检查飞机尾部放电刷（图 6-19）是否在位、无损伤（水平尾翼每侧：5 根，垂尾：5 根，共 15 根）。

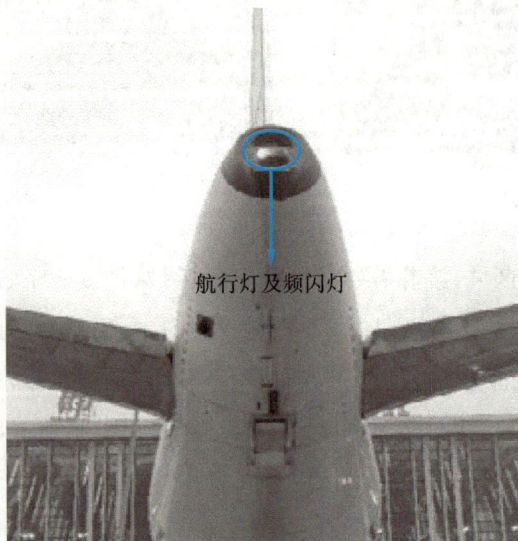

图 6-18　飞机尾部区域

水平尾翼上放电刷在位无损伤，左右各5根。

图 6 - 19 飞机尾部放电刷

检查完飞机尾部区域后，到飞机左侧继续完成检查，在左侧检查时可以按照上述的飞机右侧的检查方法与流程，按照左侧绕机路线：左后机身及下部区域—左起落架及轮舱区域—左机翼区域—左发动机区域—左机翼翼根区域—左前部机身区域，完成对应侧的检查。当绕机检查完返回机头前方，就完成了一次完整的绕机检查工作。

2.航前其他检查工作

（1）取下并检查前/主起落架安全销（共 3 根）、静压板（共 2 组，共 4 个）、空速管套（共 3 根），检查确认完好，放在前起落架轮胎的前部以备机组检查交接。

（2）检查轮胎气压，按需勤务并记录。对于安装了 TPIS(tire pressure indicating system，轮胎压力指示系统)的 A320 系列飞机可以在 ECAM 上检查轮胎压力，对于没有安装 TPIS 系统的飞机，需要用气压表进行测量。如不满足轮压标准（表 6 - 2）需将机轮充至上限值后继续充气，使气压表读数比上限值高 1～2 psi，避免后续气压检查等工作时漏气造成压力低于上限值的情况。

表 6 - 2 某航司轮压标准

飞机型号	A319	A320		A320NEO	A321
最大起飞重量/T	70	73.5	77	79	89
前轮/psi	181—190	178—187			168—177
主轮/psi	187—196	200—210	209—219		212—222

注意，由于气体受温度影响更大，轮压压力标准为冷胎时压力值。冷胎的定义为：自上次运行后轮胎冷却 3 小时及以上。当测量时发现轮压压力低于标准值下限较多时，需要对相应轮胎

进行充气工作,充气至正常胎压的上限,第二天需要再次检查轮胎压力,如果还是欠压状态,则需要更换相应轮胎。检查时若发现轮胎压力严重不足,必须更换轮胎,并且同时更换同一起落架上另一侧的轮胎。

(3)驾驶舱检查。

①航前检查时需确认技术记录本和客舱记录本上的故障已处理。查看 ECAM 显示的故障及维护信息,按需采取纠正措施并记录。航前工作的重点是对航后工作进行复核,核查航后做的所有维修工作以及相应的维修记录,包括查阅驾驶舱技术记录本与客舱记录本的维修记录有无问题,根据维修记录到具体所做工作的部件位置进行核查,保证维修工作无误,进而保证飞机的飞行安全。

②确认飞机技术状况文件夹内是否有遗留故障,记录本先前三个航段是否有按 mEL/CDL 放行的项目。核实 mEL/CDL 条款及有效性,按需执行"M"程序,在记录本上完成签署。

③确认位于飞机驾驶舱门后部的航空适航证、国籍登记证、电台许可证完好且在位,电台许可证应在有效期内。

④如处在地面结冰条件下,需要依据飞机除冰/防冰大纲完成起飞前检查。地面结冰条件的定义为:一般情况下地面结冰是指外界大气温度在 5 ℃ 以下,存在可见的潮气(如雨、雪、雨夹雪、冰晶、有雾且能见度低于 1.5 km 等)或者在跑道上出现积水、雪水、冰或雪的气象条件,或者外界大气温度在 10 ℃ 以下,外界温度达到或者低于零点的气象条件。合理除/防冰在冬季飞机维护过程中格外重要。民航局规定,任何飞机都不能带冰、雪、霜起飞。机翼是飞机的主要气动力部件,机翼的形状、表面状态或机翼和其他部件的相对位置不符合要求,都会使飞机的飞行性能变坏,甚至造成飞行事故。

⑤确认驾驶舱内各操作手柄、控制电门在正常位置(雷达收发机开关在"OFF"位,位扰流板手柄在"收上"位,襟缝翼手柄在"收上"位,起落架操作手柄在"放下"位,油门杆在"最小慢车"位,发动机主电门在"OFF"位,发动机模式在"电门正常"位),确认各跳开关无跳出、飞机系统正常无故障。

⑥重点检查皮托管套(3 个)、静压板(2 组,共 4 块)和起落架下位锁销(3 根),确认已取下且完好。与机组签字交接后,将起落架安全销、静压板和空速管套放在驾驶舱和客舱指定位置。

这项工作看似简单,实则在航前维护工作中非常关键,任一皮托管套、静压板或起落架安全销未正确取下,都会对飞行安全产生巨大影响。所以这项工作不仅需要飞机维修人员确认,还需要机组确认后,放至机上指定位置。最后确认飞机技术状况一切正常后,在飞机技术记录本上完成放行签署。

　　(4)出港前检查。在飞机拖出或启动发动机前,需完成出港前绕机检查(图6-20),确认所有客舱门、货舱门和勤务面板关闭,确保所有门窗已关闭且与机身外表平齐,对那些在工作中打开过的,且机上没有指示的面板需着重检查,例如:饮用水、污水和加油勤务面板。另外航前绕机时还应注意发动机滑油勤务口盖是否正常关闭,历史上曾多次出现过完成发动机滑油勤务后口盖未正确关闭的不安全事件。飞机原地启动的机位需检查发动机前后,特别是发动机进气道前方没有影响发动机启动的异物。需要推出启动的飞机停机位需检查区域内无影响飞机推出或滑行的异物,避免飞机出现地面擦碰。

图6-20　出港前检查

　　航前维护工作最主要的目的就是,完成起飞前的检查与准备工作,保证飞机技术状态正常,满足飞行要求,让飞机能够安全、准点出港。

▶ 任务 2　航后绕机检查工作

任务 情境

航后绕机检查工作是指航空器飞行任务结束后,所进行的例行检查、勤务和排除故障的工作。

一般来说,航后维修工作包含:航空器入港接机、执行航后检查工作单,主要内容是对各区域、系统的检查和测试,期间可能需要执行绕机检查、驾驶舱检查和货舱检查。

任务 描述

1.掌握飞机绕机检查流程与方法。

2.掌握航后飞机绕机检查注意事项。

任务 分析及执行

1.接机前准备工作

航空器入位是指航空器到达指定的停机位置(图 6 - 21),航空器离港是指航空器离开机位,靠自身动力滑行出港。航空器入位工作应设指挥员和监护员,指挥员负责指挥航空器停放在预定停机位置,监护员负责观察和监视航空器滑行路线上的障碍物。航空器地面指挥工具为发光指挥棒。自动泊位引导系统不适用或失效时,应由指挥员将航空器指挥到停机位。

维修人员通常在飞机落地滑入停机位前 10～15 min 到达预定停机位,完成接机前准备工作。需要确保飞机停机区域内无影响飞机滑行的外来物,包括车辆、人员、器械等。如果停机位为廊桥停机位,应确认廊桥在规定区域内。

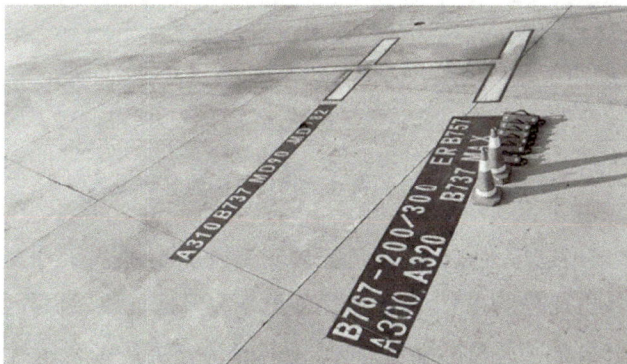

图 6 - 21　机坪停机线

2. 机身外部检查

航后外部绕机检查与航前绕机检查在绕机路线与检查流程上基本相似,不同之处在于航后绕机检查标准一般会高于航前检查标准。此外,航后工作更侧重于维护和修理,而航前工作更侧重于保障。所以在航后检查时应该对飞机进行全方位检修,从而保证飞机次日可以顺利执行航班任务。

3. 驾驶舱检查

(1)航后工作的一个重要环节为确认飞机是否存在系统故障,发现飞机故障及缺陷的途径大致可分为以下几种:第一种为在绕机检查时发现的故障,如蒙皮损伤、机轮扎伤、刹车磨损超标等。第二种为机组反映的故障,可分为机组口头反映的故障与记录在飞行记录本上的故障(图6-22)。第三种为驾驶舱自检、灯光测试,或通过飞机中央故障监控系统的飞行后报告与故障代码反映的故障信息。第四种为通过空地数据链实时监控到的故障信息。

驾驶舱的检查对于发现飞机故障的意义重大,通过查阅飞行记录本、客舱记录本、飞行后报告和ECAM(飞机电子集中监视系统)显示的故障及维护信息,维护人员就可以在进行航后维修工作时对本架飞机的技术状况有一个大致的判断。

飞行记录本 (FLIGHT LOG BOOK) NO.FLB xxxxxx

A/C Type 机型	B737NG	A/C Reg 机号	**B-XXXX**	Date(YMD)日期	2019 年 10 月 25 日	Fuel Qty(KG) 燃油油量(千克)	T.O.G.W(KG) 起飞全重(千克)		
No	Report 故障报告				Action 处理措施				
A	Flt 航班号: XXXX Sta 航站: HAK Date 日期: 2019 年 10 月 25 日			ATA 章节号: 31-03 WO#工作指令号: IT#顺序: Hold Item 是否保留 ☑Y □N □RII/□DIC Sign 必检/互检签署: 在飞行中下显示器黑屏 During flight, CL display unit has fault.		From (------) 依据 MEL31-08-01-01 下 DU 保留放行。According MEL31-08-01-01 Lower Du.				
	Rep 报告人: ☑Cap 机组□Tec 机务 张三			Skill 工种: Man Hours 工时: Sta 航站: Date: 20 Sign 签署:					
No	Description 名称	P/N off 拆下件号	S/N off 拆下序号	P/N off 装上件号	S/N on 装上件号				

图 6-22 飞行记录本上机组反映的故障信息

(2)对风挡玻璃和雨刷进行检查。确认风挡玻璃无损伤、雨刷臂无明显生锈痕迹、雨刷胶条无损伤。风挡玻璃容易出现分层现象,该故障往往出现在风挡玻璃四周外围,航后应着重检查。发现分层需确认风挡分层是否超出标准值,同时还需确认分层是否会干扰机组视线,如分层超出标准或影响到机组视线,则应及时处理故障风挡玻璃。检查完成后使用干净的不起毛的布将风挡玻璃擦拭干净,确保不存在影响飞行视线的污物。

(3)确认飞机"三证"在位完好,"三证"即航空适航证、国籍登记证、电台许可证,电台许可证应在有效期内。同时检查驾驶舱应急设备在位(检查时可参考"应急设备图"),确认手提灭火瓶在有效期内、压力在正常范围内、瓶体无损伤。

(4)确认驾驶舱时钟时间和日期显示正确,扳动灯光测试扳钮至点亮位,检查驾驶舱照明灯和指示灯是否工作正常,同时测试驾驶舱时钟是否显示正常。打开驾驶舱头顶板上的外部灯光开关,检查航行灯、滑行灯、起飞灯、转弯灯、大翼防冰照明灯、防撞灯、频闪灯、着陆灯工作正常(图 6-23)。

外部灯光测试:工作正常;开关固定好,各位置锁定正常,操作无卡阻

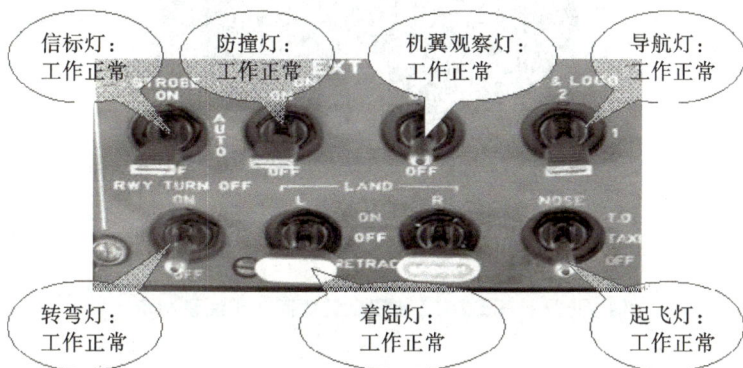

图 6-23 驾驶舱外部灯光开关

(5)检查驾驶舱门锁功能,避免在机组执行航班时出现驾驶舱门锁失效在开位,即驾驶舱门无法正常锁定的情况。在下 ECAM(飞机电子集中监视系统)门系统页面(图 6-24)上检查机组与旅客(如安装)氧气压力在标准值内,如果检查发现机组或旅客氧气不在标准值内,则需要根据手册做相应的维护工作。

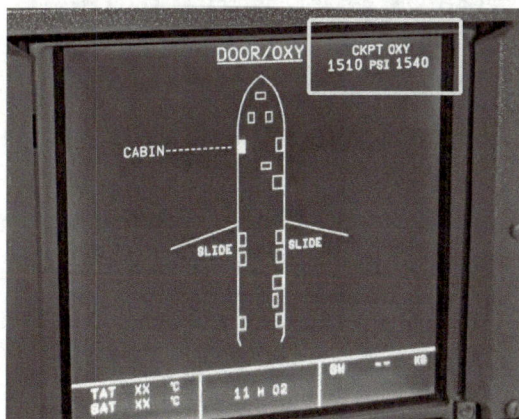

图 6-24 下 ECAM 门系统页面机组氧气压力值

（6）在下 ECAM 液压系统显示页面（图 6-25）上检查绿、蓝和黄液压系统液压油量,按需添加。液压油量检查时首先应检查油量指针是否指示在正常范围的中间至上限位之间,如低于中间位需进行液压油系统勤务。其次,检查时应保证所有其他液压装置均在正常位置,如货舱门在关闭位、起落架舱门在收进位等。否则液压油会滞留在液压部件内而未返回液压油箱,导致观察到的油量低于真实值。

图 6-25　下 ECAM 液压系统页面液压油量指示

（7）在下 ECAM 发动机系统显示页面（图 6-26）检查发动机滑油量,针对不同的发动机有不同的检查标准,根据相应的工作单完成滑油系统勤务工作,并在飞行记录本上记录发动机滑油添加量。补充发动机滑油时有两点应该尤其注意:①滑油型号不能添加错误,不可出现滑油混加的情况。具体的滑油型号可参见发动机滑油勤务面板标示牌。②在补加发动机滑油之后,必须确认滑油箱加油口盖正确关闭。

图 6-26　下 ECAM 发动机系统页面滑油量值

(8)在 MCDU 的 APU 页(图 6－27)上检查 APU 滑油量是否显示 OK,并按需补加。同样如对 APU 添加滑油,须确认加油口盖正确关闭,并在飞行记录本上记录添加滑油量。

图 6－27 MCDU 上 APU 滑油量指示

4. 货舱检查

首先对货舱区域进行清洁,然后对货舱区域进行目视检查,确认货舱门框、门槛无损伤,临近电门与目标块完好。检查门框封严完整无破损(门框封严出现破损会影响货舱气密性,同时影响应急情况下货舱的灭火效果)。检查货舱内各个壁板,如:内侧壁板、天花板、地板、封严条、释压板、拦网有无损坏。最后检查前、后、散装货舱内部照明灯光是否正常,灯罩是否无裂纹,货舱灭火瓶释放喷嘴有无损伤、污染。

5. 客舱检查

由于各航司客舱构型区别较大,故客舱检查须遵循工作单上具体要求。

6. 勤务工作

安装主用与备用静压孔盖板(4 个)和空速管堵头(3 个),在安装前须检查静压孔周围区域是否平整,是否存在凹坑与划痕,安装时须检查空速管内是否存在异物或昆虫,如发现须及时处理。

清洁起落架和起落架减震支柱镜面,按手册与工卡要求完成清洁工作。完成镜面清洁可帮助机组或机务维修人员在绕机检查时判断起落架减震支柱是否存在油液渗漏,避免不安全事件的发生。

对饮用水系统进行放水,在结冰条件下,将排放活门手动保持在打开位,不要关闭放水盖板。需注意的是,在寒冷天气时,应依据相关手册要求进行水系统勤务,避免飞机上存留的余水结冰而造成水系统管路的损坏。

完成上述工作后,确认飞机处于安全运行的状态且符合放行的条件,对飞机进行放行签署,完成技术放行。在离开飞机前确认所有系统已恢复到正常状态,按需给飞机断电并脱开地面电源。应重点确认飞机驾驶舱电源面板电瓶按钮送出,避免电瓶亏电而造成航前 APU 无法正常依靠电瓶电压启动。离开飞机前再次确认飞机各勤务面板关闭正常,饮用水、污水勤务面板和加油面板无渗漏,飞机周围无遗留物品,使用的工作梯已推至规定区域。

课后进阶

1. 完成飞机外部部件识别。

2. 写出绕机检查及维护工作要点。

3. 写出航前工作要点。

4. 写出航后检查及维护工作要点。

5. 对发动机补充滑油时有哪些注意事项?

阅读材料

飞机体检师:绕机检查项目上百个,
机上维护手册一米多厚

航空地面设备使用

目标 点击

● **知识目标**

1.熟知航空地面设备的种类和各类特种车辆的功能以及与飞机对接的位置。

2.掌握各类车型的结构和工作原理。

3.掌握各类特种车辆与飞机对接的作业流程。

● **能力目标**

1.能够根据飞机服务要求正确选择对应的航空地面特种车辆。

2.能够正确分析各类特种车辆的工作要求以及工作原理。

3.能够正确按手册要求操作使用航空地面设备。

● **素质目标**

1.具有较强的敬业精神、服务意识和安全素养。

2.树立正确的人生观和价值观,尊重生命,热爱生命。

3.具有自律精神、自我悦纳的能力、抗击挫折的能力以及团队合作意识。

情景 导入

飞机正常运行,除了依赖飞机本身的技术保障以外,还有很大一部分要依赖于航空地面设备的技术支持,其中种类最多的,也是最主要的航空地面设备是航空地面特种车辆。

飞机在地面停留时,需要飞机牵引、充电、加油、装卸货物、上下旅客、添加饮用水、提供食品以及处理飞机废物等地面服务,若飞机发动机有故障需要地面设备提供飞机的启动设备,冬季的除冰、夏季的供冷以及机身的检修等也都需要地面设备的支持。

知识 导航

7.1 航空地面设备基础知识

1）航空地面设备的划分

由于机场的区域和作业的内容不同，机场的设备是依据其所在工作区域内的情况而划分的，可分为：民航特种车辆、航站楼设备、目视助航设施等。

2）民航特种车辆的分类

民航特种车辆是指在停机坪、场道直接或间接对飞机提供各种服务的车辆，分布位置如图7-1所示。根据用途大致可分为载客类、运送货物类、飞机保障类。

载客类主要有旅客登机桥、客梯车、机场摆渡车、残疾人登机车。

运送货物类主要有食品车、升降平台车、行李牵引车、垃圾车、皮带传送车。

飞机保障类主要有飞机牵引车、清水车、污水车、飞机加油、飞机除冰车、空调车、气源车、充氧车、电源车。

根据结构可分为两大类：一类是在通用的二类汽车底盘上加装了特殊装置所构成的特种车辆，另一类是由专门设计的底盘所构成的特种车辆。

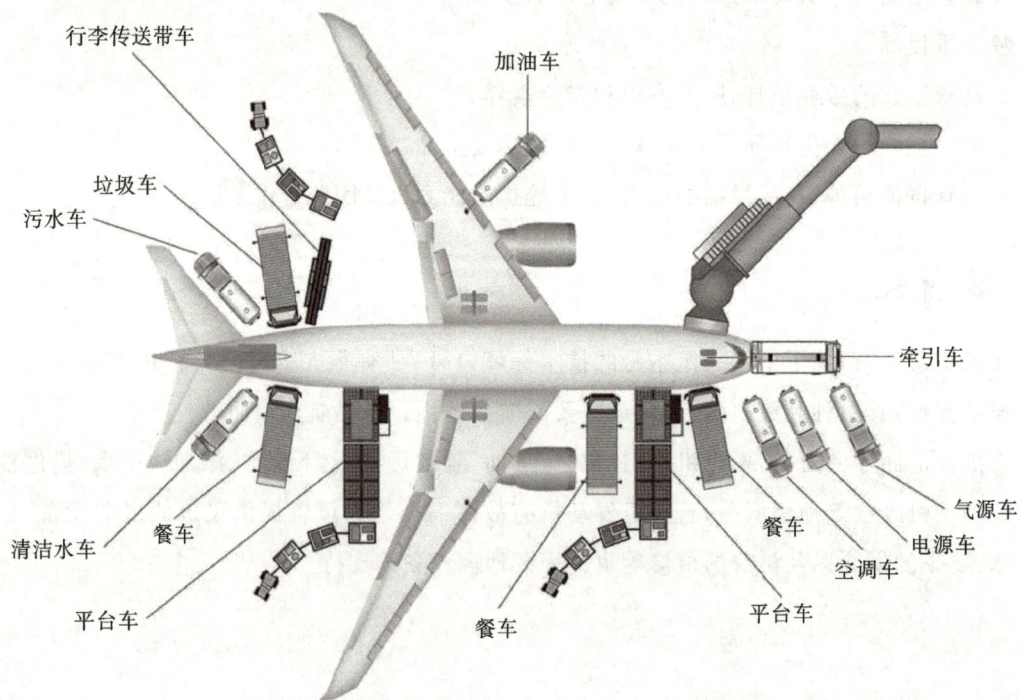

图 7-1 民航特种车辆分布位置

7.2 飞机牵引车

1.飞机牵引车概述

飞机牵引车(图7-2)是保障飞机在地面运行安全的一个重要设备。当飞机在退出廊桥、进出机库等场合需要后退时,飞机发动机故障时,或者出于环保和降低成本等原因,需要借助外力来移动飞机时,可以使用飞机牵引车来移动飞机。

飞机牵引车的类型

图7-2 飞机牵引车

2.飞机牵引车的类型和主要结构

(1)飞机牵引车的类型。

按照牵引方式,可分为有杆式和无杆式。有杆牵引车(图7-3)通过牵引杆连接飞机,从而实现牵引或顶推作业。无杆牵引车(图7-4)通过夹持-举升装置将飞机的前起落架驮载(又称驮负)到牵引车上。

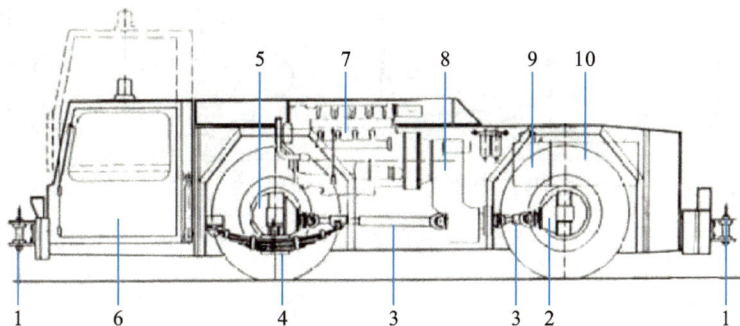

1—牵引钩;2—后桥;3—传动轴;4—前桥悬架;5—前桥;6—驾驶室;7—发动机;
8—变速器(分动器、轴间差速器);9—液压油箱;10—燃油箱。

图7-3 有杆飞机牵引车

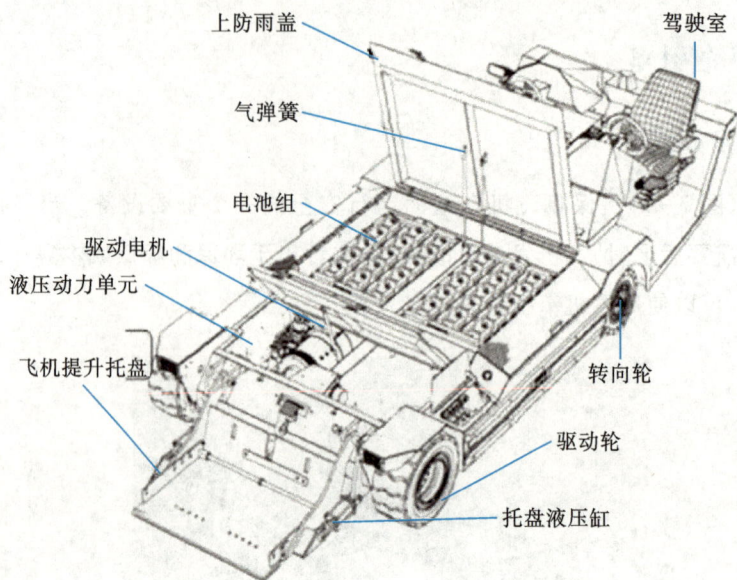

图 7-4　无杆式飞机牵引车

（2）飞机牵引车的结构。

飞机牵引车主体由发动机、底盘、驾驶室、牵引机构、牵引臂等部分组成。几种基本形态和作业状态如图 7-5 所示。

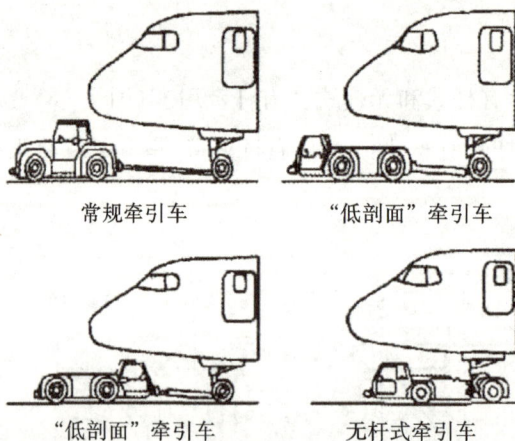

常规牵引车　　　　　"低剖面"牵引车

"低剖面"牵引车　　　　无杆式牵引车

图 7-5　飞机牵引车的几种基本形态和作业状态

飞机牵引车主要结构

3. 飞机牵引要求规范

飞机牵引是一项涉及人员、飞机和设备安全的重要工作，它要求指定人员进行现场指挥，所有工作人员都必须听从指挥，并遵守一定的安全规则，保证牵引工作的顺利进行。表 7-1 所示为一个牵引飞机检查单示例。

表 7-1　牵引飞机检查单

专业	项次	项目	标准状态
机下指挥员	1	飞机机轮压力和减震支柱压缩量	正常
	2	三个起落架地面安全锁	在位并装好
	3	前起落架转弯隔离活门销	插好且适用
	4	飞机各舱门、口盖	关闭并锁好
	5	该机型的牵引杆的部件	剪切销状态良好、将牵引杆连接到航空器,确保连接正确
	6	航行灯和防撞灯	接通,并确认其正常工作
	7	飞机周围环境	无影响牵引的障碍物
	8	大风天气	确认风速符合维修手册的规定
机上、机下	9	飞机内话系统和对讲系统	通话畅通、清晰
机上人员	10	飞机两主油箱的油量	油量平衡
	11	飞机上的设备和可能发生移动的物品	放置稳妥
	12	飞机的刹车压力	不低于 2800 psi
	13	APU	视情开启、并接通飞机电源和液压源
	14	停留刹车	松开
	15	气象雷达	关断
飞机防撞灯闪亮→飞机前轮挡撤除→指挥员指挥牵引车司机缓慢起步			

飞机牵引人员要求和职责

1)牵引中的一般安全规则

(1)地面指挥人员应头戴耳机、手持对讲机与牵引车司机和机上操作人员随时保持联络。在确认牵引车与航空器连接好后撤出轮挡,并发出航空器松刹车的指令,当得到机上操作人员肯定的答复后,通知牵引车司机可以开始牵引。

（2）地面指挥人员随时观察飞机周围是否有障碍物、牵引杆是否正常。有紧急情况时应及时通知牵引车司机和机上操作人员使用刹车。

（3）牵引飞机时牵引车应缓慢起步，感觉飞机不动时，应立即与地面指挥人员联系，查明原因，不得盲目加大油门。使用牵引车刹车时动作要柔和，在牵引飞机过程中，不允许急转急停的动作。

（4）牵引司机应控制转弯角度不超出该型飞机维护手册中的规定限值。

（5）在牵引飞机过程中，不允许人员上下和穿越牵引车和飞机，指挥员应与牵引车、前起落架间保持安全距离。

（6）牵引飞机人员步行跟随飞机时，要时刻注意牵引车和杆的运动方式（是直行还是转弯）。跟随飞机行走或乘坐在牵引车尾部时耳机线不得拖地，不得缠绕在飞机上或牵引车的任何构件上。穿戴的工作服要扣紧，衣袖和裤管不得过长，以防活动时钩挂在牵引车或飞机的某些构件上，造成安全隐患。

（7）飞机牵引到位后，缓慢停下，通知机上人员设置刹车，禁止使用急刹车。确认机上人员设置好刹车后，放置好前轮轮挡，先脱开牵引车与牵引杆之间的连接，后脱开牵引杆与飞机之间的连接，严禁在脱开牵引杆之前拔出前起落架转弯隔离销。

（8）以下情况应使用大拖车牵引飞机：下雨天推拖飞机进出机库、推拖 B757 进出机库、推拖飞机进出太古机库、MCC 发布大风警报（7 级风）。

2）特殊情况下的牵引

（1）大风条件下，只有在符合该机型维护手册规定的风速限制时，方可牵引飞机。

（2）禁止牵引减震柱压缩到底和伸出过长的飞机。

（3）在拖飞机的过程中出现剪切销断时，指挥员听到声响后应立即通知司机缓慢刹车。当前起落架牵引接头断裂时指挥员应立即通知机上人员刹车。

（4）在推飞机过程中出现牵引杆剪切销断时应立即通知司机刹车，再通知机上人员刹车。当前起落架牵引接头断裂时指挥员应立即通知司机刹车，待拖车停住后再通知机上人员刹车。

4. 有杆牵引车的牵引操作

1）操作前准备

（1）视观检查牵引车后视镜、玻璃或其他部件有无丢失或破损，牵引车下或周围有无液体漏出。

（2）检查轮胎气压。

（3）检查车门把手和锁。

（4）检查是否进行过必要的操作前准备。起动发动机前所有的液体都应在适当的液面。

　　①选择牵引杆（图 7-6）。确认使用的牵引杆适用该机型、牵引杆部件正常，安全销（剪切销）完好在位。

图7-6　牵引杆

②连接牵引杆。指挥人员先将牵引杆连接到飞机上(图7-7),再引导牵引车使牵引杆准确连接到牵引车上(图7-8)。

图7-7　机轮连接

图7-8　锁销连接

③飞机牵引。地面指挥员在确认牵引车与飞机连接好后撤除轮挡(图7-9)。

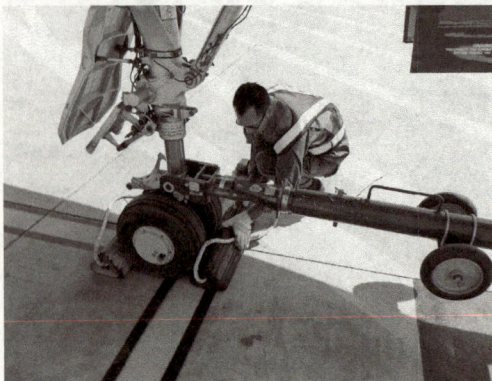

图7-9　撤除轮挡

地面指挥员向机上操作员发出飞机松刹车的指令,得到机上操作员肯定的答复后,通知牵引车司机可以开始牵引。

在牵引飞机进出机位时,地面监护员应站立在机尾或大翼外侧区域步行跟随飞机进行监护,如图7-10所示。同时,监护人员在跟随过程中,应携带至少两个轮挡,以备在特殊情况下应急使用。

图7-10　牵引站位

5.无拖把牵引车牵引飞机工作程序

(1)飞机牵引准备(指挥员)。

　　a.确认飞机刹车刹好。

　　b.确认前轮轮挡移去。

　　c.确认插好前起落架转弯旁通销。

(2)抱夹飞机操作(牵引车驾驶员、指挥员)。

　　①牵引车驾驶员:

a.调整座椅至后操作状态(牵引车驾驶员面向抱轮装置)。

b.驾车接近飞机时应调整方向,使车身中线与机身中线保持在一条直线上。

c.将牵引车托架降至地面,直到自动停止。

d.在机型选择面板内设置正确机型并确认(如适用)。

②指挥员:按下拖车后部橙色确认按钮或告知牵引车驾驶员前起落架转弯旁通销已插好。

③牵引车驾驶员:

a.操作牵引车缓慢接近飞机,使牵引车正确到位。

b.操作牵引车抱夹飞机,提举机轮至设定高度。

c.在机型选择按钮上设置正确机型并确认(如适用)。

d.通知机务指挥人员已准备就绪。

(3)牵引飞机(牵引车驾驶员、指挥员)。

①指挥员:

a.通知监护人员撤出飞机所有轮挡。

b.通知机上人员松开飞机刹车。

c.指挥牵引车驾驶员开始牵引飞机。

②牵引车驾驶员:

a.在指挥员指挥下正确操作牵引车将飞机推到预定位置。

b.飞机牵引过程中严格遵守有关牵引速度和转弯角度的限制。

c.牵引车驾驶室内前轮转弯过载灯黄灯亮时,驾驶员应立即回正飞机前轮转弯角度。如红灯亮,驾驶员必须立即停车并通知机务人员检查飞机前起落架是否正常和转弯旁通销是否插好,确认没有问题后,才能继续进行飞机牵引作业,当发现飞机前起落架转弯角度超过飞机转弯角度极限时,必须对前起落架进行检查,必要时还需要进行探伤,确认正常后飞机方可放行。

③指挥员:

a.飞机到位后,通知牵引车驾驶员停车。

b.飞机停稳后,通知机上人员刹车。

c.指挥员给牵引车驾驶员明确的飞机已经刹车的手势。

飞机牵引对应手势

d.通知牵引车驾驶员操作车辆脱离飞机。

(4)牵引车脱离飞机(牵引车驾驶员、监护人员)。

①牵引车驾驶员:

a.在飞机到位后,得到指挥员要求脱离飞机的指令后,操作牵引车将飞机前轮放到地

面并松开抱夹。

　　b.操作牵引车驶离飞机。

　②监护人员：

　　按要求放置轮挡(飞机出港时在前轮放置轮挡,飞机停放时按停放要求放置轮挡)。

6.地面牵引飞机应急处理规范

1)推飞机剪切销剪断的处理程序

推飞机过程中,指挥员需密切注意推行过程中的异常情况,发现剪切销剪断时立即指挥牵引车驾驶员缓慢刹车,确认牵引车不再移动时,联系机组或机上人员刹车,并通报剪切销已经剪断。

指挥员协助观察飞机周围的情况,确认飞机停好后,通知牵引车驾驶员,并发出飞机已经刹车的手势,指挥撤离牵引车和拖把,由机务人员负责更换工作情况良好的拖把。

维修人员检查前起落架无损伤后,可重新按照标准程序安装拖把继续推飞机。如果经维修人员检查确认前起落架损伤超标,则按照航线故障处理。

2)拖飞机剪切销剪断的处理程序

拖飞机过程中,指挥员须密切注意拖行过程中的异常情况,发现剪切销剪断时立即指挥机组或机上人员刹车,并通报剪切销已经剪断。同时通知牵引车驾驶员剪切销已经剪断,要求牵引车驾驶员缓慢刹车。

牵引车驾驶员应控制车速,指挥员密切监控飞机动态,当飞机的运动方向与牵引车不一致时,通知驾驶员立即完全收油门(警示:在确认飞机停住前,牵引车禁止停车,防止飞机因惯性与牵引车或牵引杆发生碰撞)。

指挥员确认飞机停好后,向牵引车驾驶员及观察员发出飞机已经刹车的手势,并指挥撤离牵引车和拖把。

由指挥员负责联系可用的拖把。维修人员检查前起落架无损伤后,可重新按照标准作业指引安装拖把,继续拖飞机。如果剪切销剪断后,前起落架经维修人员检查确认损伤超标,则按照航线故障处理。

3)推/拖飞机角度过大后牵引车卡死的处理程序

推/拖飞机过程中,指挥员密切注意推/拖行过程中的异常情况,转弯角度必须遵守维修手册中的有关规定,推/拖飞机角度过大会使牵引车卡死,牵引车无法移动。

指挥员向牵引车驾驶员发出刹车的指令,待牵引车驾驶员刹好车后,联系机组或机上人员刹车,并通报地面异常情况。

机组或者机上人员设置好刹车后,指挥员向牵引车驾驶员及观察员发出飞机已经刹好车的手势,并指挥撤离牵引车和拖把。

牵引车和拖把撤至离飞机4 m以外的地点,指挥员拔出前轮转弯销,确认前轮回中,并检查前起落架有无损伤。若起落架有损伤,则按照航线故障处理。若前起无损伤,则指挥员指挥插好前轮转弯销后按作业指引连接拖把,完成此次推/拖飞机任务。

4)牵引车在工作现场发生火情时的处理程序

牵引车驾驶员首先利用随车灭火瓶控制或扑灭火源,同时向有关人员报告。机务人员立即切断牵引车与飞机的连接,牵引车驾驶员立即将牵引车开离现场。

7.3 飞机电源车

飞机在地面上时,外部电源是用于飞机电气系统的正常AC电源。电源车(图7-11)可为飞机提供外部电源,当飞机在地面关闭APU时,为飞机提供交流供电,同样通过电瓶充电器给电瓶充电。各大航空公司为降低油耗、节约成本,要求时间超过70 min的过站需要关闭APU,用电源车为飞机供电。电源车是为飞机提供机场地面保障服务的特种车辆,通过自身携带的交(直)流电源机组为飞机提供在地面通电自检、维修保养、航前航后维护等作业的电力需求,是一座可移动的发电站。

图7-11 电源车

飞机外部电源　　　　　　　固定电源机组

1.飞机电源车概述

飞机电源是保障飞机正常运行的重要设备,发动机运行控制、飞机操纵控制、防火、导航、通讯、起落架收放等都离不开飞机电源。

电源车能够替代飞机的APU,在地面工作时,启动APU,既不环保,成本也高,还会耗损飞机部件。航空电源车是一座移动发电站,它自带发电机,随时为飞机提供电力,在线服务时间少则2小时,多则8~10小时。

电源车的频率一般都和飞机发电机的频率一致,并且带有平衡电压保护器,确保在供电时飞机不会受到突然"刺激"。180 kV 电源车 1 个小时给飞机的供电量,大致相当于 180 户家庭 1 天所需电量。

2. 电源车分类

电源车根据车辆的移动形式可分为:移动式(图 7-12)和拖挂式(图 7-13)。

图 7-12　移动式地面电源车

图 7-13　拖挂式地面电源车

移动式地面电源车自带驾驶室、底盘和行驶系统,在底盘上安装发电机组,可自动行走。拖挂式采用一体化、高强度的整体框架式结构加装发电机组,拖车底盘包括前轮总成和后轮总成,是拖车式航空地面电源的转向及行驶系统。采用前轮转向,并有行车刹车及驻车功能,后轮通过钢板弹簧与底盘框架连接(图 7-14)。

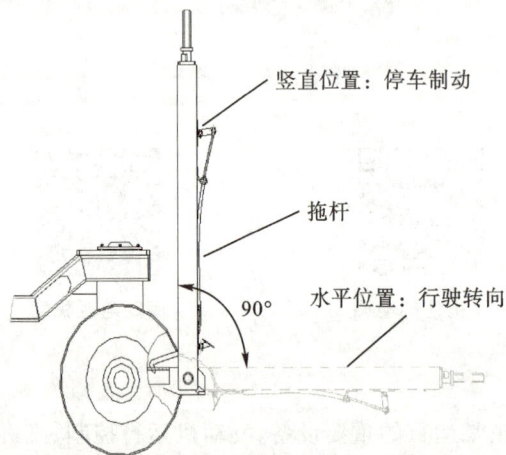

竖直位置:停车制动

拖杆

90°　水平位置:行驶转向

图 7-14　拖挂杆的功能

地面电源车根据输出电源类型分为两种:交流型电源车和交直流两用型电源车。交流型电源车输出中频 400 Hz、额定电压 115 V/200 V 三相交流电源,可以用于主电源为交流电源的大中型运输机。交直流两用型电源车输出 400 Hz、115 V/200 V 的三相交流电源和 28.5 V、5 V/57 V 的直流电源,主要用于主电源为直流电源或采用电启动的中小型飞机和军用飞机,也可用作飞机制造厂、维修厂、试飞站、研究所的试验电源。民航客机大多使用交流型电源车,直流电源多用在公务机等小型飞机上。

3. 电源车的组成

电源车底盘主要由底盘架、罩壳总成、发电机组、输出电缆、电源控制系统和保护系统组成。

飞机电源组成与功能

4. 电源车工作原理

飞机电源车将符合飞机要求的用电需求供给飞机上的电子设备。地面电源车上有蓄电池或发电机。发电机由车上发动机传动并配有调压、稳频和保护设备。地面电源通过电缆将电能送到飞机上的地面电源插座。飞机上的地面电源监控器用于检测地面电源的极性、相序和质量,仅在地面电源性能满足飞机技术要求时才接通飞机上的地面电源接触器,将地面电源与飞机电网接通。

电源车的工作原理

7.4　飞机空调车

1. 飞机空调车概述

飞机空调车是一种用于飞机地面服务的专用空调设备,担负着飞机着陆后或起飞前机舱/设备舱空气调节(主要是温度、湿度和洁净度)的重要任务。它直接吸入外部环境中的空气并对其进行冷却或加热处理(也可附加加湿、除湿处理),并在特定的流量、压力下向停靠地面的飞机内部空间输送。

飞机空调车(图 7-15)能够连续不断地产生干燥的冷空气,调节飞机内部环境湿度和温度,从而确保飞机环境内部的湿度和温度维持在一个正常的水平。

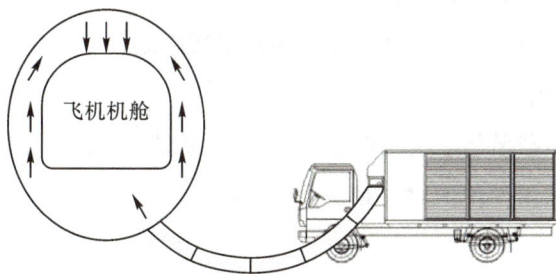

图 7-15　飞机空调车

飞机空调车在飞机维护时的停放位置如图 7-16 所示。

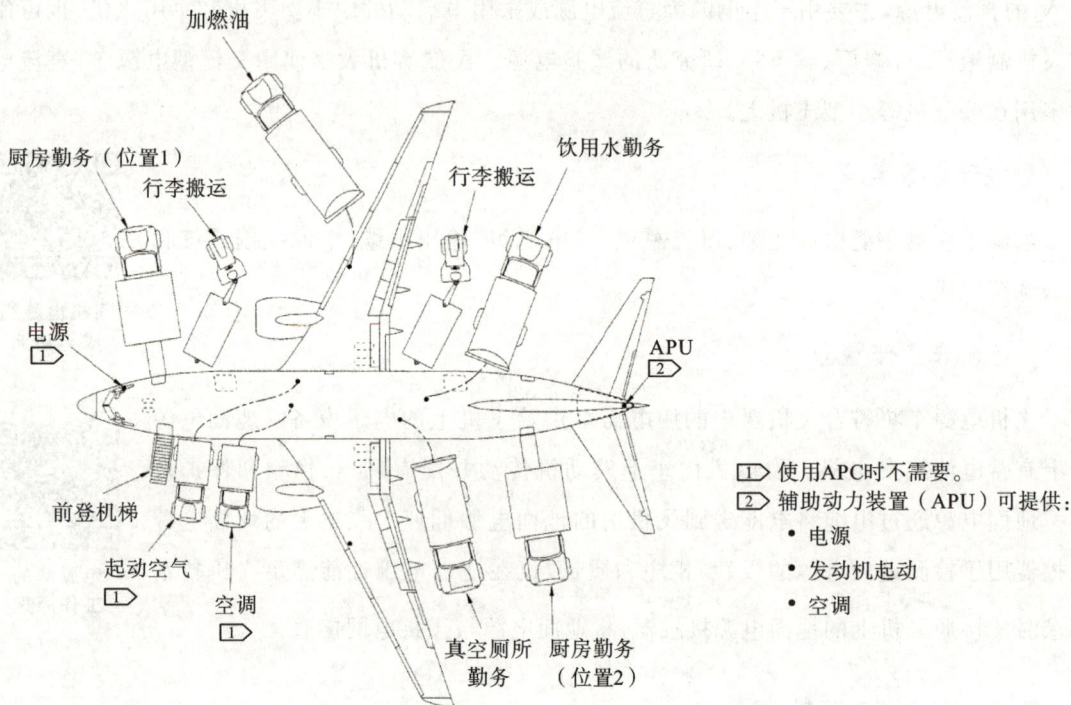

图 7-16 波音 737-800 地面特种车辆分布位置

2. 飞机空调车的功能结构

（1）设备用途。

①飞机航前、航后、过站及航线检修时的客舱空气调节等地面服务。

②为机载大量电子设备的飞机的设备舱通风降温，以抵消电子设备运行产生的大量热量。

③飞机客舱、货舱等日常维修、大修时的整体或局部降温。

④飞机起落架等局部高温设备及零件的快速冷却。

⑤为有温度、湿度及通风要求的特定空间及场所降温。

（2）飞机空调车结构组成。

飞机空调车主要由承载装置、动力系统、机械传动系统、制冷系统、制热系统、通风供气系统、电气控制系统、功能性附件组成，如图 7-17 所示。

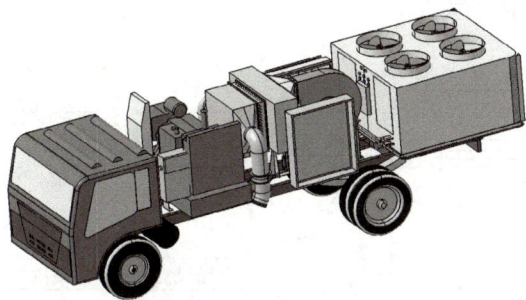

图 7-17　飞机地面空调车结构

（3）空调制冷剂。

制冷剂，又称冷媒、雪种，是各种热机中借以完成能量转化的媒介物质。这些物质通常以可逆的相变（如气-液相变）来增大功率。

（4）制冷剂的安全使用。

①对眼睛的伤害——液态制冷剂如果不慎进入眼睛会对眼角膜产生永久性的伤害，因此处理制冷剂时必须佩戴防护眼罩，而且不要把面部靠近工作区域。眼睛溅上液态 R407C 制冷剂时，应立即用大量清水冲洗至少 15 min。

②对呼吸的影响——工作人员一旦吸入高浓度 R407C 气体，应立即将其转移到空气新鲜的地方。呼吸困难时，应使患者保持平静，同时提供氧气面罩或进行人工呼吸。

③毒性——制冷剂 R407C 本身是稳定的，但在高温下会分解产生氯化氢和氟化氢，在出现明火时会产生有毒的光气。

④爆炸——制冷剂 R407C 本身不燃烧，但若在环境温度高于 50℃ 时使用压力容器进行储存和运输，将在容器内产生危险性的高压引起爆炸。

⑤接触伤害——直接接触制冷剂时人体组织会因骤然冷冻而受到损害，故应避免皮肤直接接触制冷剂。皮肤接触引起冻伤时，可用温热物体轻抚伤处。

⑥严禁踩踏制冷管路及其附件，应特别注意保护膨胀阀上的平衡管和毛细管，设备的操作、使用以及维护必须由经过培训的技术人员或相应的专业人员进行。

3.飞机空调车的工作原理

制冷系统采用蒸发循环制冷方式，工作原理见图 7-18。主要的工作流程为：外界空气经过过滤器净化后成为满足通风品质要求的空气，经Ⅰ级蒸发器预冷后，进入增压风机增压到所需供风压力，再经过Ⅱ、Ⅲ、Ⅳ级蒸发器制冷（或末级加热装置加热）调温，产生满足飞机通风压力、温度及湿度要求的空气，总供风流量最低不能低于 3000 kg/h，最高不能高于 10000 kg/h，流量大小应根据所通设备的具体要求确定，过大或过小都会影响通风效果。空调车通过调节每路出风口前的手动阀门调节供气流量。

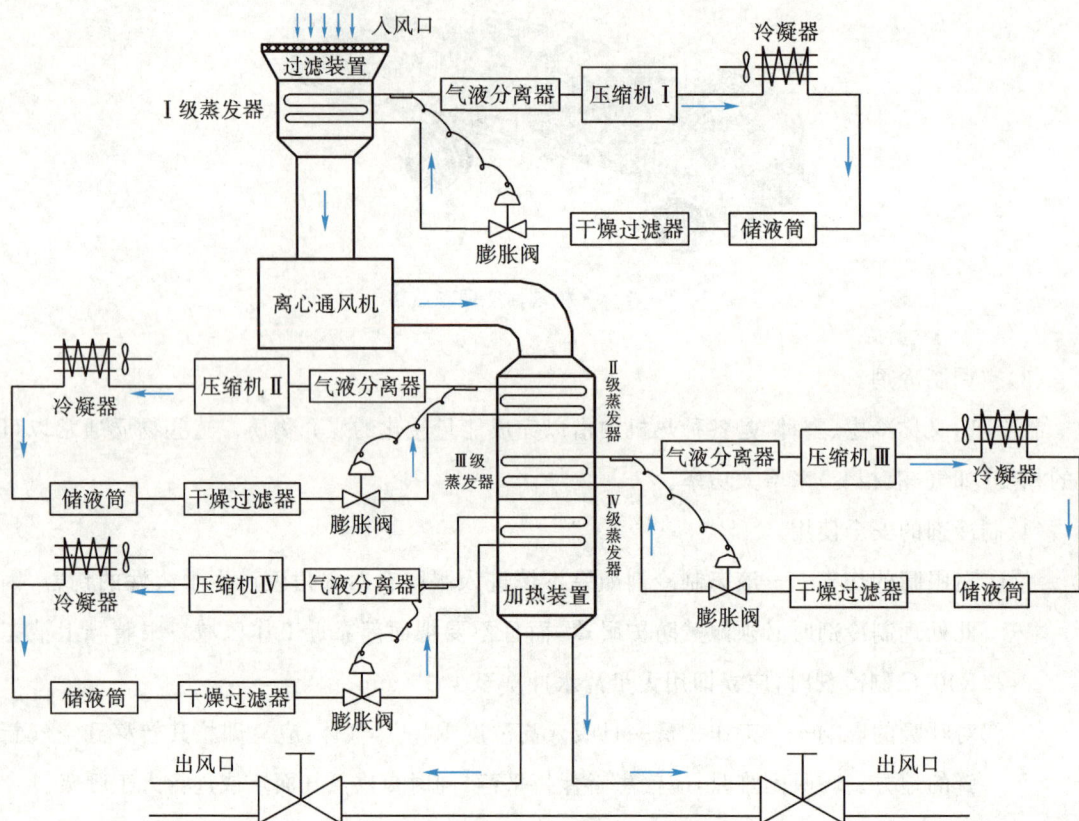

图 7-18　ICZ-1/KT 飞机空调车工作原理图

飞机空调车原理

4.飞机空调车的结构组成

1)制冷系统几大基本部件

制冷过程中各基本部件作用结构描述如下。

①压缩机。压缩机工作使低温低压的气态制冷剂经过压缩过程,变为高温高压的气态制冷剂进入外盘管(冷凝器),建立的高低压差推动制冷剂在系统内的流动。

②蒸发器。液态制冷剂通过分配器进入蒸发器,气态制冷剂通过歧管离开蒸发器,回到压

缩机。输出空气中的热量在内盘管中由低温的液态制冷剂蒸发而吸收。压缩机工作使气态制冷剂进入外盘管（冷凝器）。

③冷凝器。气态制冷剂从压缩机流入外盘管（冷凝器）的制冷剂歧管。制冷剂中的热由高温的气态制冷剂冷凝而被释放到周围大气中。液态制冷剂从外盘管流入储液罐。

④膨胀阀。热力膨胀阀感应压缩机的进汽温度和压力，并根据情况控制进入蒸发器内液态制冷剂的流量。

⑤干燥过滤器。干燥过滤器安装在出液管上，用于吸附制冷剂中的残余水分和固体杂质，以保证制冷系统正常工作。

⑥气液分离器。气液分离器的作用是将蒸发器的回汽在被压缩机吸入之前进行分离和捕集其所含液滴，确保压缩机不发生湿过程或液击，使制冷系统能安全、高效、持续地正常运行。

2）加热系统

加热系统采用多组不锈钢电加热管，用于调节供风温度和在冬季时加热供风。加热管形式为翅片管，材质为不锈钢。

3）通风系统

①风机。用于输送空气，同时也可对系统进行加热。

②空气过滤器。在Ⅰ级蒸发器前安装入口过滤器，过滤网采用立体波形滤网，该过滤网采用多层过滤技术，具有容尘量大、易于拆卸和冲洗等特点，可初步过滤进入风机的空气。

③风机出口过渡段。为使空气顺利到达Ⅱ级蒸发器表面，离心风机驱使空气通过风机出口过渡段上一系列导流板到二级蒸发器表面，风机出口过渡段外包聚氨酯保温层。

④出口风道。空气离开电加热器后，通过两根外径为 $\phi 260$ mm 出口进入送风软管。

⑤手动阀门。位于两侧出口风道，用以调节送风流量。

4）软管系统

①通风软管（图7-9）。通风软管整体采用可折叠材质软管，内部有保温层，前端用金属卡箍与空调车出风口连接，末端用金属卡箍可与飞机通风接头连接。供风软管均可压缩，压缩比不小于 1:3，长度分别为 10 m、15 m 等，每两根软管之间可以通过拉链进行延长连接，方便对不同的接口同时供风。通向液压散热器的通风管可以转接延长通向旋罩内。通风软管可折叠后存放于车体内，便于收放。供风软管不能有破损，在和飞机对接时应选择接口大小合适的供风接头。

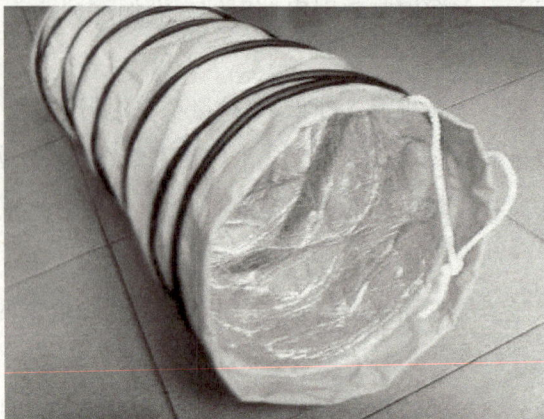

图 7-19　通风软管

②通风接头。通风接头可分为斜面锁紧式和卡爪锁紧式两种。

两种接口均为不锈钢材质的快卸式接口（图7-20），方便和飞机的快速对接使用。

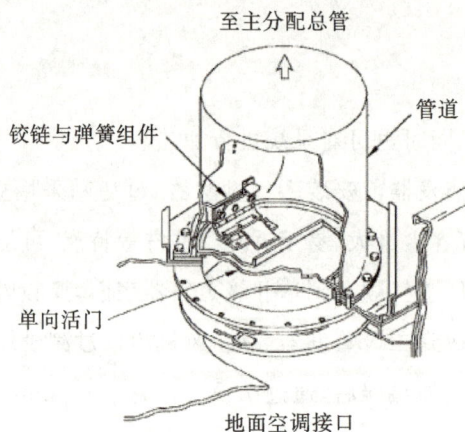

至主分配总管

铰链与弹簧组件

管道

单向活门

地面空调接口

图 7-20　B737-800飞机通风接头

5）排水系统

空调车在运行过程中会产生大量冷凝水，排水系统的作用就是排出冷凝水以及其他车内积水。

①空气中的水分采用冷凝析出以及重力分水，析出的水通过排水软管排出车外。

②冷凝机组内部设有排水孔，使冷凝水和雨水流出车体。

③车厢内部设有多处排水孔，使进入车体的雨水顺利排出。

6）安全保护系统

请扫描下方二维码，了解相关知识。

飞机空调车安全系统

7.5 除冰车的使用与操作

飞机除冰车是一种机场地面专用设备，它是通过一定压力喷洒加热到一定温度的除冰液，以便对飞机局部结冰部位或飞机全身进行除冰，也可根据需要进行飞机的清洗和维修作业。

飞机除冰
系统规章

1.飞机除冰车概述

1）飞机除冰车功能

利用飞机除冰车上（图7-25）的设备将加热到指定温度的除冰液或无需加热的防冰液以一定的压力喷射到飞机结冰、积雪部位，进行除冰、防冰作业（就是清除待起飞飞机机身、机翼表面上的结霜、冰、雪）。

飞机除冰是在飞机进行飞行前必须除去所有冰、雪、霜颗粒、冰雪附着物冻层。

飞机防冰是在已经清楚所有附着物及冻层后，在限定时间内防止飞机的某些表面形成霜、冰和积雪的保护措施。

保持时间是指除冰/防冰液可以保护飞机表面不形成霜、冰和积雪的预计时间。保持时间从最后一次使用防冰液开始计算，至应用于飞机上的除冰/防冰液失效时结束。

图7-21 飞机除冰车

2）飞机除冰车的类型

按其行走方式分：移动式和固定式。移动式自带车辆底盘，可以驾驶行走。固定式没有行走装置。

按除(防)冰的步骤分:一步除(防)冰式和两步除(防)冰式,前者指通过喷洒加热后的除冰水溶液进行既除冰又防冰的除冰程序。后者指先采用加热除冰液进行除冰,再喷洒常温的防冰液保护相关的机体表面,从而最大限度地提高机体表面防冰能力。

按工作原理分:循环加热式和即热式。循环加热式除冰车通过车载燃油锅炉循环加热除冰液,再由喷射系统喷射除冰。即热式飞机除冰车将离心泵泵出的除冰液在喷射过程中即时加热,由喷枪射出。

2.飞机除冰车的组成

飞机除冰车主要由以下几部分组成:行走装置(移动式除冰车)、加热系统、液体喷射系统、高空作业装置、安全装置等。

复合传动系统安装固定在底盘车架的纵梁上并与断开式传动轴连接;厢体通过纵梁和横梁组成的骨架固定在底盘上,进行车辆驱动;厢体两侧与后部都有开门设备,便于系统设备的维护;厢体内部安装除/防冰液罐、即热式除冰锅炉、高空作业系统、隔膜泵、离心泵、清洗卷盘、动力油箱、散热器、控制箱、控制阀块、仪表及液压管路等设备部件;在驾驶室和高空作业系统操作斗内,分别设置控制面板对除冰车各系统进行控制与监视。

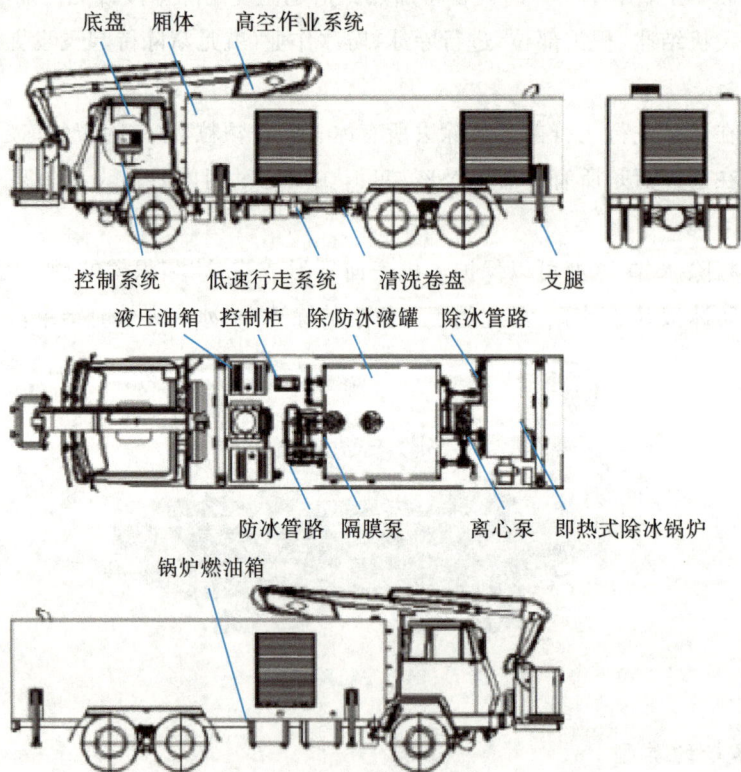

图 7-22 飞机除冰车结构组成

飞机除冰车各组成部分的功能

3.飞机除冰车作业模式

(1)加热模式。如果储液箱基础温度过低,则启动预加热功能,将除冰液通过锅炉加热,打开热回液阀,除冰液回到储液箱,将除冰液提升至基础温度(4 ℃),锅炉熄火,进入等待模式。

(2)喷射模式。在等待模式下,当启动除冰任务时,打开喷枪,当检测到管路系统的流量信号时,锅炉点火,关闭热回液阀,进行除冰液的快速加热与喷射,喷射结束,关闭喷枪,锅炉熄火,打开热回液阀,进入等待模式。

(3)等待模式。当调整喷射位置或者除冰结束等待时,为了提高作业效率,水泵继续打开,锅炉停止点火,此时打开热回液阀,避免锅炉的过度升温而产生汽化现象,当调整结束时,继续打开喷枪,执行喷射工作模式。

4.除冰液

除冰液是水和一定比例化学物质的混合溶液,其主要成分是乙烯乙二醇(冰点−50 ℃、沸点170 ℃)或丙烯乙二醇,主要用于快速除冰或防止除冰过程中出现再次结冰现象。

注意:当使用热水除冰时,必须满足下述限制条件。

①环境温度为1 ℃并稳定或增高,而且不具备再次形成冰、雪、霜等污染物的条件,可用加热到最高83~93 ℃的热水从飞机表面除去冰冻污染物。

②热水不具有保持时间。使用热水除冰后,为了防止再次结冰,必须立即在飞机表面喷洒防冰液。在不具备除/(防)冰能力的航站,使用热水除冰后,起飞前必须进行一次全面的起飞前污染物检查。

1)除冰/防冰液的种类

目前国际上将飞机除(防)冰液分为四种类型:Ⅰ型、Ⅱ型、Ⅲ型和Ⅳ型。

Ⅰ型除冰液是未经稠化的除冰液体,既可用来除去冻结污染物,也能提供短时间的防冰保护,是目前应用最广泛的除冰液。使用时必须按照制造商的使用说明兑水进行稀释并加热后喷洒。Ⅱ、Ⅲ和Ⅳ型防冰液是稠化后的液体,用于防止污染物的形成或聚积。与Ⅰ型除冰液相比,Ⅱ、Ⅲ、Ⅳ型防冰液防冰保护时间大大延长,使用时不经加热便可直接喷洒,但需要特殊的抽吸设备以防止降解,其组成成分和Ⅰ类除冰液相似,但含有增稠剂。

注意:当Ⅰ型除冰液作防冰目的使用时,效果有限,得到的保持时间很短。为了取得最佳的防冰效果,可使用稀释的Ⅱ型防冰液。

2)除冰/防冰液的使用方法

Ⅰ型液体:Ⅰ型液体以浓缩的或稀释(随时可用)的形式提供。浓缩的Ⅰ型液体乙二醇(即:甘醇、二甘醇或丙二醇,或这些乙二醇的混合物)的含量较高。其他成分包括水、防腐剂、润湿剂、防泡剂以及染料(有时包括)。

Ⅰ型液体必须至少加热至60 ℃以提供有效的除冰能力。按照不同的使用程序,浓缩的Ⅰ型液体必须用水稀释以获得适当的冰点。由于空气动力性能和基于冰点的考虑,Ⅰ型液体在使用时通常需要进一步的稀释。

Ⅱ、Ⅲ和Ⅳ型液体:Ⅱ、Ⅲ和Ⅳ型液体以稀释的和未经稀释的两种形式提供,主要由乙二醇或丙二醇和增稠剂组成。在喷洒到飞机上时,在液体的高黏度和润湿剂的作用下,形成一层黏稠的覆盖层。为了提供最大的防冰保护,Ⅱ型和Ⅳ型液体应在未经稀释的条件下使用。用于除冰时,液体必须加热。

Ⅱ、Ⅲ和Ⅳ型液体因加入了增稠剂,黏度较高,在机翼上形成比Ⅰ型液体更为黏稠的液体覆盖层。这种液体在静态时黏度最大,随着所处环境中液体的流动,它的黏性下降。在任何情况下都不得在已经经过防冰处理的飞机的被污染的液体薄膜上进一步直接覆盖防冰液。如需再次给飞机喷洒防冰液,在喷洒防冰液之前必须首先对飞机表面进行除冰。

3)除(防)冰液的检测

除(防)冰液配制完成后,需使用折射仪对混合液的折射率进行检查。并使用除(防)冰液的厂家使用手册中的表格查出混合液的比例和冰点,以确定混合液的比例和冰点是否符合要求。

除冰液指南

注意:配制者和检查者不能为同一人。

4)液体存储的保质期要求

正确储存在储存罐或者搬运箱内的Ⅰ、Ⅱ、Ⅲ和Ⅳ型液体,其保质期为两年,过了保质期后,如产品的样品通过了供应商的检测,其保质期可延长一年。

5. 冰对航空器的危害

在结冰条件下,冰、雪、霜对飞机的运行安全会造成直接影响,使飞机外表面变得粗糙,增加飞机重量,限制飞机操纵面的活动范围,导致仪表误差,严重时还引起飞机失速增加和瞬间反常上仰,从而使飞机的飞行性能大大下降,特别当飞机起飞上升时,使得飞行姿态难以控制,严重则造成空难。世界航空史上已发生多起因恶劣冰雪天气造成的空难,飞行机组、机务和签派人员都应高度重视冬季

冰对航空器的危害

气象条件给飞机带来的危害。因此,为了保障正常航运和飞行安全,必须除去飞机表面的冰霜积雪。

6. 定点除冰时除冰车行驶及喷洒路线

除冰行驶是指在除冰过程中,高空作业状态下,进行除冰喷洒的同时,驾驶车辆围绕飞机低速行驶。完成除冰后,要切换到正常行驶。

(1)单车除冰时除冰车行驶及喷洒路线如图7-23所示。

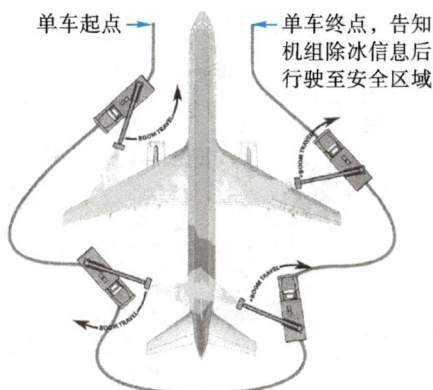

图 7 - 23 单车除冰路线

(2)双车除冰时除冰车行驶及喷洒路线如图 7 - 24 所示。

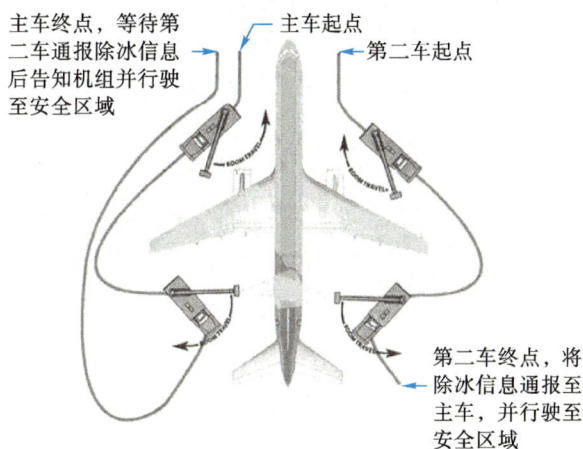

图 7 - 24 双车除冰路线

(3)三车除冰时除冰车行驶及喷洒路线如图 7 - 25 所示。

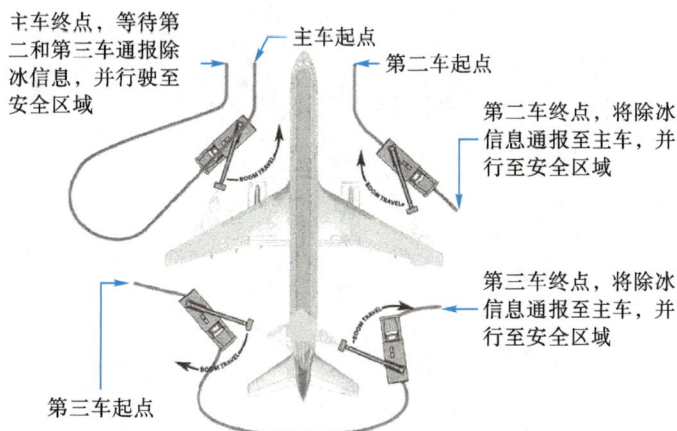

图 7 - 25 三车除冰路线

（4）四车除冰时除冰车行驶及喷洒路线如图7-25所示。

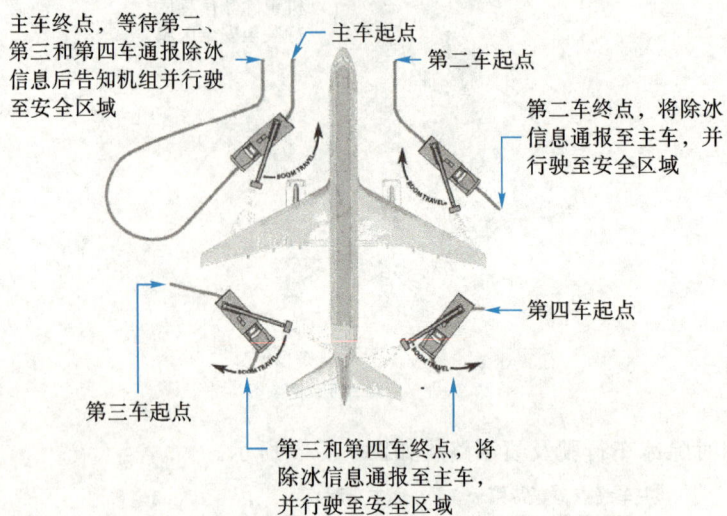

主车终点，等待第二、第三和第四车通报除冰信息后告知机组并行驶至安全区域

主车起点

第二车起点

第二车终点，将除冰信息通报至主车，并行驶至安全区域

第四车起点

第三车起点

第三和第四车终点，将除冰信息通报至主车，并行驶至安全区域

图7-26　四车除冰路线

工作任务

◎ 任务 1 B737 飞机牵引和维护实施

任务情境

使用牵引车把一架班机拖进停机位准备迎接旅客。

任务描述

当飞机需要从廊桥或停机位推到起动位置,则进行飞机牵引项目。飞机牵引是地勤服务的重要项目,维护人员应该掌握正确的牵引操作流程。

任务分析及执行

1. 牵引说明

(1)飞机的设计允许从前或主起落架上拖曳飞机。

  a.前起落架的牵引接头可连接牵引杆用于牵引飞机(图 7 - 27)。

  b.在前起落架舱门上有喷漆条纹以指示最大正常牵引转弯限制。

(2)如果将起始载荷保持到最小,那么可以在坚固和水平的地面上牵引每个主起落架上有一个瘪气轮胎的前起落架。

(3)如果确保重心维持在后重心限制的前方,则可在一个或两个发动机都拆卸的情况下牵引飞机。

(4)无牵引杆的牵引车/飞机结合牵引的稳定性取决于很多变量,其中二个关键变量是牵引车牵引力和跑道状况特征。最大牵引速度应以飞机制造商推荐为根据,由飞机营运人连同机场管理机构负责。

(5)大部分无牵引杆牵引车没有安装剪切销限制载荷,当用无牵引杆牵引车牵引飞机时,不要使用飞机刹车。

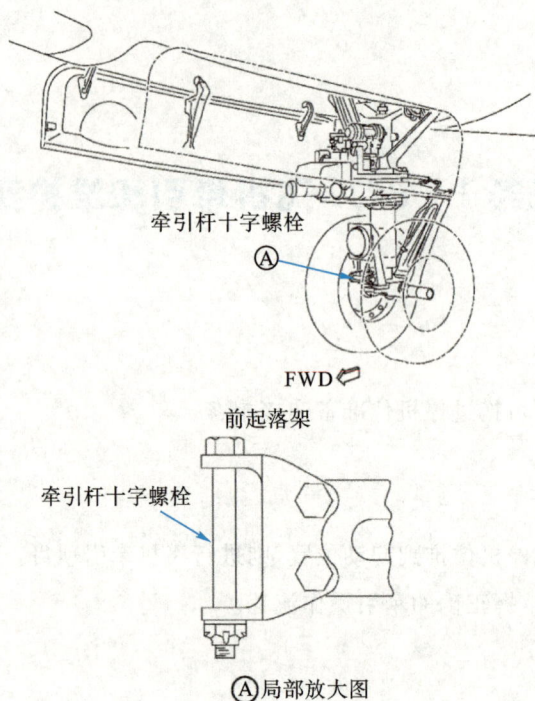

牵引杆十字螺栓

Ⓐ

FWD ⇦

前起落架

牵引杆十字螺栓

Ⓐ局部放大图

图 7 - 27 飞机拖把连接点

2.拖曳飞机的准备

(1)做以下步骤准备牵引飞机。

①在综合备用飞行显示电源接通 90 s 内不要牵引或移动飞机。

②关闭风扇整流罩面板。

③关闭反推装置。

④确保飞机在重心牵引限制中心内并且平衡加油量。

⑤确保安装所有起落架地面锁销。

⑥确保关闭电子设备舱检查口盖。

⑦将氮气或空气充入轮胎。

⑧确保正确维护主起落架、前起落架减震支柱。

(2)防止总压管探头过热。

(3)向飞机提供地面电源。

(4)为液压系统增压。

①确保刹车液压压力正常。

②撤除地面电源。

③APU 停车。

④如果没有安装前起落架牵引手柄销,则执行下列步骤。

　　a.在驾驶舱人员、牵引车驾驶员和牵引地勤人员之间连接内话系统或等效物。

　　b.确保经过批准的刹车操作者在驾驶舱里。

　　c.确保停机坪区域的拖车路线上没有任何设备。

　　d.如有必要,把拖杆连接到拖车和飞机。

　　e.拆卸飞机静电接地导线。

3. 从前起落架牵引飞机

做以下步骤牵引飞机(飞机带有整合的备用飞行显示器)。

①在综合备用飞行显示电源接通 90 s 内不要牵引或移动飞机。

②驾驶舱人员、牵引车驾驶员和地面机组各就各位相互看到。

③确保驾驶舱人员与地面机组和牵引车驾驶员保持机内通信联络或无线通信。

④确保轮挡已拿开。

⑤确保液压刹车已松开。

⑥拖曳飞机。拖曳飞机时,所有人必须远离牵引车、拖杆、前轮和主轮附近的危险区域。地面人员必须知道通过前轮、主轮和牵引车使飞机停止运行的最小距离。这是因为飞机在后推和牵引期间将改变位置。确保在地面人员和移动的设备之间保持至少 3 m 的间距。如果不保持最小距离,会发生重大损伤。

⑦确保在下列区域工作的人员知道如图 7 - 28 所示的飞机向后牵引的危险区域。

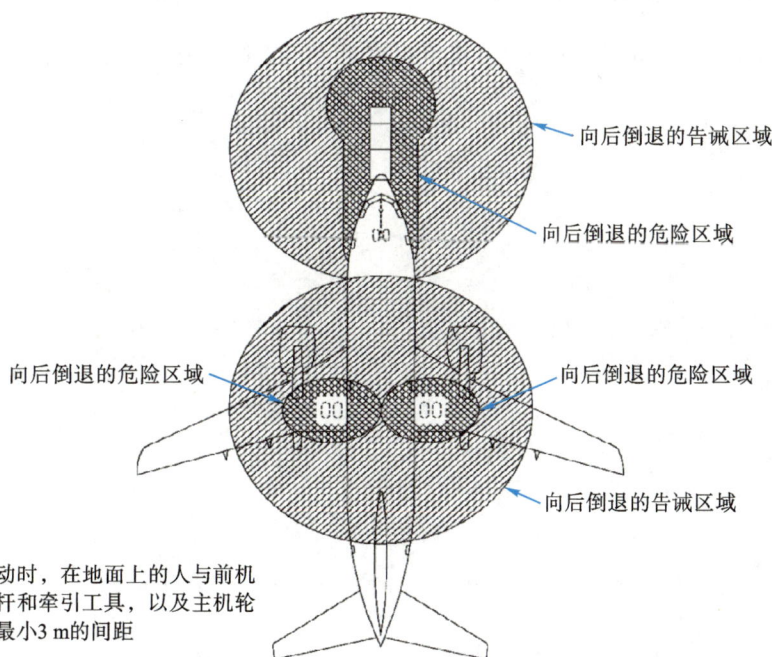

图 7 - 28　牵引危险区域

⑧可选择在入口或下货舱舱门打开时牵引飞机。

⑨试图转弯前,慢慢地笔直向前拖曳飞机。

⑩在安全范围内保持刹车应用到最低的使用限度。使用连接到前起落架的无牵引杆牵引车进行牵引时,使用飞机刹车。

⑪最大正常转动角度为 78°且如前起落架舱门红色条纹所示。

⑫参考旋转半径——没有偏离角的飞机旋转半径。

4. 在异常的载荷下拖曳飞机（主起落架拖曳）

除了以下步骤,在异常载荷下牵引飞机的准备与前起落架牵引飞机是相同的。

①将吊环螺栓(SPL－1498)放在每个主起落架上顶点的位置。

②当地制造钢索并将它们连接到每个主起落架和牵引车。

③制造导线钢索接头端与 F72719 吊环螺栓(SPL－1498)相匹配。

④增压液压系统 A。

⑤通过使用飞机刹车使飞机运动中断。

5. 恢复飞机到常规状态

进行下列步骤以使飞机恢复到其常规状态。

①连接静电接地导线。

②断开并收上内部通信装置。

③如果接通,撤除 APU 电源。

④如起落架下位锁销已安装,在滑行和起飞前拆卸销钉。

▶ 任务 2　飞机电源车操作使用

任务情境

某民航 C70052 电源车在机库为飞机供电时,工作人员发现电源车出现白烟,判定为起火冒烟,随即使用二氧化碳灭火器对该车进行灭火。为避免发生类似事件,我们应如何正确操作使用电源车?

任务描述

能正确将电源车与飞机外部电源插座进行对接,并正确对飞机进行供电。

任务分析及执行

1. 电源车操作注意事项

(1)应在确保车辆所有功能正常、标识清晰、指示明确的前提下,开展飞机地面电源供电工作。

(2)根据机务人员需求将车开至指定地点,在距飞机 15 m 处点试刹车(对于无动力飞机电源机组,则测试其牵引车辆的刹车性能),确认刹车良好后,按机务人员指挥靠近飞机,此时车速不高于 5 km/h。

(3)在距飞机约 5 m 处时,按机务人员指挥,以不高于 3 km/h 的速度接近飞机,电源车停靠在指定工作位置后(电源车任何部位与飞机应保持不小于 2 m 的安全净距离),开启驻车制动,挡好轮挡。

(4)收到机务人员供电指令,将电源车调至额定转速,进行输出供电,在供电期间,工作人员须对飞机电源车的工作情况进行监护,不得擅自离开,有条件的情况下,可另行安排巡检人员进行巡视。

(5)收到机务人员供电结束指令,结束对飞机进行供电,电源车停机,并根据机务人员指挥,将车驶离飞机,此时车速不高于 3 km/h,当距飞机 5 m 以外时,此时车速不高于 5 km/h,当距飞机 15 m 以外时,可按机坪内正常速度行驶至指定区域。

(6)电源车在使用过程中,须与机务人员保持联系,如遇到突发情况,须按照相应车型的紧急撤离程序,撤离至安全区域。

2. 电源车使用操作

电源车使用流程如图 7 - 29 所示。

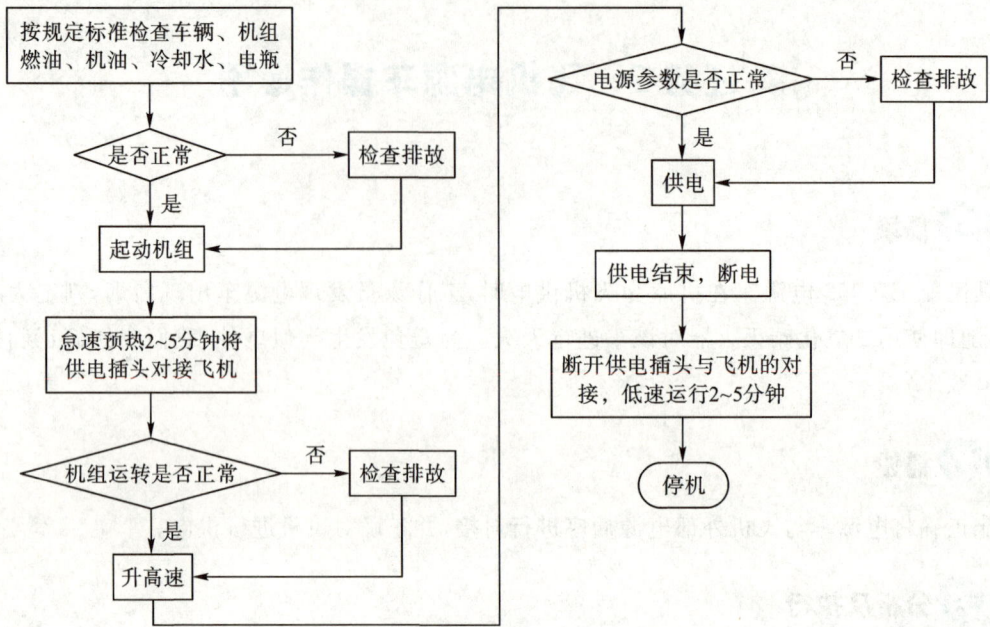

图 7 - 29　电源车使用流程

1）工作准备

（1）初次使用某型号电源车，先阅读并理解电源车铭牌、面板、使用说明。

（2）检查电源车插头是否完好。插头插孔是否堵塞。如果检查发现电源车电源线插头接触不良，或者插头松动，需要重新插紧电源线插头。

（3）检查电源线绝缘层是否完好，防止绝缘层破损引起漏电以及短路。使用前必须检查电缆和插头的绝缘情况，确保人身和飞机安全。

（4）将电源车车顶频闪灯（琥珀色）打开，并检查确认。

2）启动电源车供电

（1）将电源车电源线与飞机外部电源面板插座相连。

B737NG 飞机外部电源插座有六个插销，如图 7 - 30 所示。

三个插销用于交流电每一相（插销 A、B、C）；一个插销用于地面（插销 N）；两个短插销用于 BPCU 内部锁逻辑（插销 E、F）。

注意事项：电源车插头和飞机外部电源插座的方向匹配。虽然外部电源插孔 E、F 与其他插孔大小有区别，可以防错，但仍然有电源车插头插反以及插错位的情况发生。

（2）将电源车电源打到开机位。

（3）将起动电门打到起动位。

（4）电源车起动运转在急速平稳后（约半分钟），将急速-高速电门切换到高速位。

（5）确认电压稳定在 115 V，频率稳定在 400 Hz 后，接通供电电门，使电源车为飞机供电。

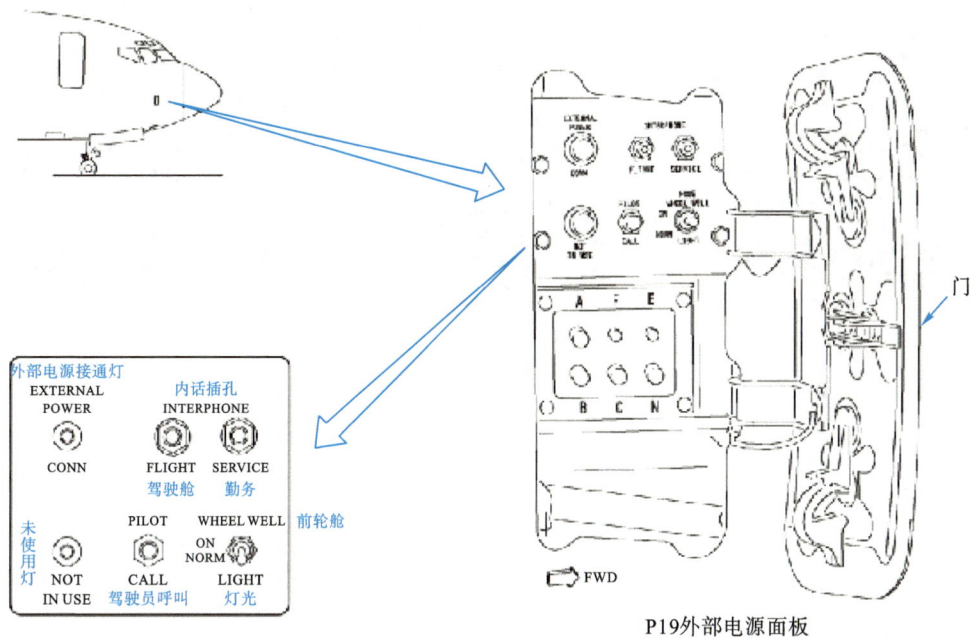

P19外部电源面板

图 7 - 30　外部电源接口

3）电源车关车步骤

（1）检查飞机地面电源面板上的不使用灯（白色）是否点亮。

（2）按下电源车断电电门，切断电源车对飞机的供电。

（3）将怠速-高速电门切换到怠速位，使电源车由高速转为怠速运行。保持怠速运行 2～3 min。

（4）将电源车电源开关打到停机位，切断电源车电源。

（5）将电缆线从飞机上断开，收纳到电源车规定的存放位置。

（6）关闭飞机上的电源盖板，并检查确认盖好。

任务 3　飞机空调车与飞机对接操作

任务 情境

飞机发动机停机状态下,由飞机空调车向飞机电子设备舱、驾驶舱、旅客座舱供给恒定压力、温度和湿度的洁净冷空气或热空气,以保证飞机电子、电气设备的工作性能,延长使用寿命,为机组人员和旅客提供舒适的乘坐环境。同时可以达到节能减排的效果,因为这样飞机在地面大部分时间就不用开启 APU(辅助动力系统)消耗燃料了。

任务 描述

正确将空调车停靠在机身侧,并能正确地对接空调车和飞机,进行飞机的供气,并对温度进行调节。

任务 分析及执行

1.空调车靠近飞机

车辆接近飞机时须遵守《民用航空器维修 地面安全 第 24 部分:勤务车辆停靠民用航空器的规则》MH/T3011.24—2006。

(1)空调车不应在飞机的任何部位下停放,应根据机型舱门、口盖位置停放在规定的位置。在飞机的右前方(或左前方),车头和机头方向一致,车身与机身平行,净距 2 m 以上,车尾距发动机口 5 m 以上,如图 7-31 所示。

(2)空调车按规定的线路接近飞机,距飞机 20 m 时要点试刹车,确认刹车性能良好。

(3)空调车在靠飞机倒车前应观察车后及附近有无障碍物后,在警戒员的指挥下缓慢倒车。

(4)当车辆驶至停车位时,警戒员及时挡上轮挡,驾驶员拉紧刹车。

(5)空调车到位后,车辆发动机应熄火,驾驶员在附近等待,保证在有不正常情况时空调车能尽快撤离。

勤务车辆靠近飞机位置示意图

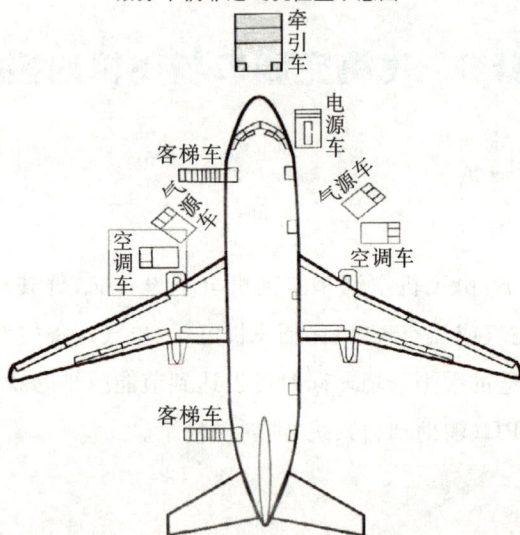

图 7-31 飞机空调车分布位置

2)空调车接口位置

不同机型空调接口位置不同,对应的空调接口形状也会有所区别,如图 7-32 和图 7-33 所示。

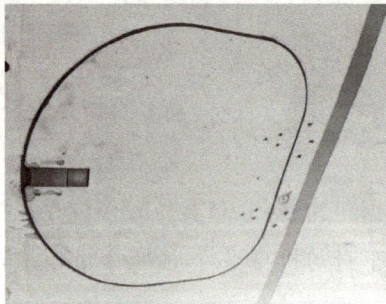

图 7-32 飞机地面空调接口盖板

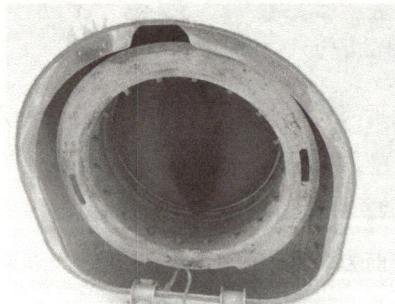

图 7-33 空调接口

(1)767 飞机对应空调车、气源车接口。767 飞机的空调车、气源车接口位于左机身下部,左冲压进气口旁,如图 7-34 所示。

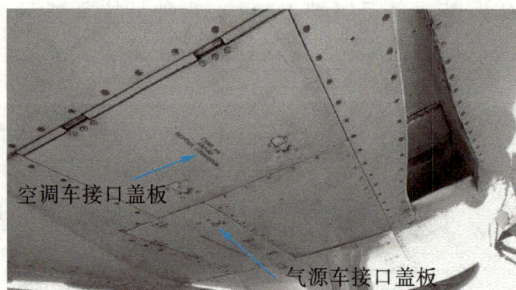

图 7-34 飞机空调接口盖板

(2)330 飞机对应空调车接口。330 飞机空调接口位于机腹下 191EB 盖板内,有两个接口,如图 7-35 和图 7-36 所示。

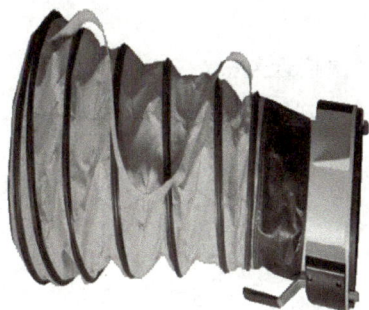

图 7-35　330 飞机空调软管接口

图 7-36　330 飞机空调接口盖板

(3)737NG 空调车空调接口位置如图 7-37 所示。

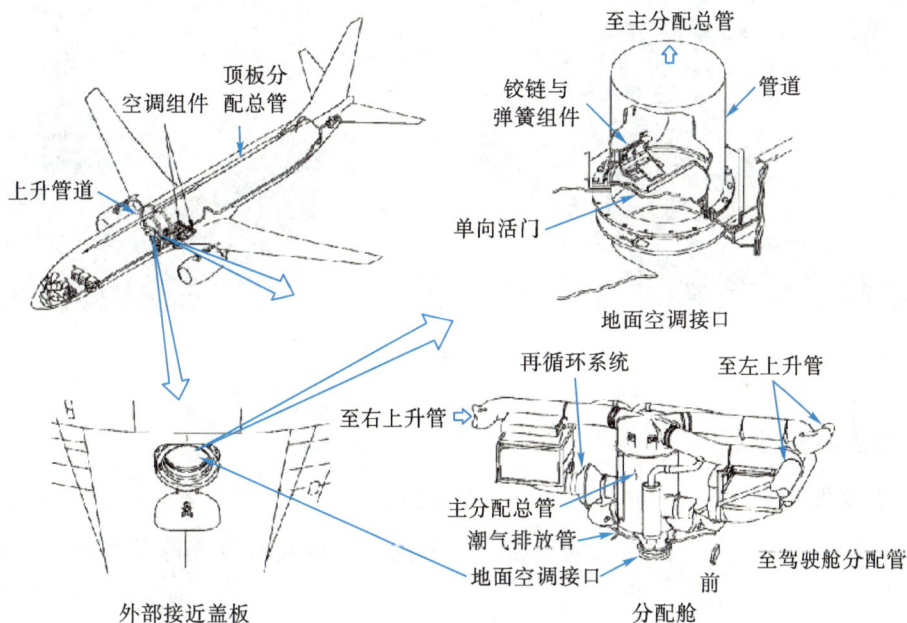

图 7-37　737NG 空调车空调接口位置

3)管路连接的关键风险点

(1)如果管路铺设不通畅,供气时容易因气路堵塞导致管路爆裂。

(2)如果接头连接不可靠,供气时接头可能会脱开,导致人员受伤、设备受损。

(3)同时使用地面电源车和气源车时,先接通电源,再接通气源。撤除时,先撤除气源,再撤除电源。同时使用地面电源车和气源车以及空调车时,接通顺序为:电源车—空调车—气源车;撤出顺序为空调车—气源车—电源车。

4)地面空调车连接方法

(1)指挥空调车停放在飞机右侧。

(2)空调车靠近飞机时,应做好飞机监护工作。

(3)打开飞机右侧机翼与机身整流罩处的地面气源接近盖板。

(4)拉出地面空调车的软管,将管路铺设顺畅,连接到飞机的地面空调接头上,同时确保接头连接可靠。

(5)对飞机进行供气(图7-38)。

(6)供气结束后,关掉地面空调车。

(7)断开与飞机连接的供气软管,及时撤离地面空调气源车。

(8)恢复飞机上的接近盖板。

图7-38 供气软管

5)管路连接注意事项

(1)只有将供气管接好后才允许供气。必须在停止供气并释压后才允许拆下供气管,防止气源车管子里面的气体余压伤到人或设备。拆下供气管后及时将气源勤务面板关好,以免遗忘。

(2)用气源车作为供气气源启动发动机时,注意观察指挥员的手势或信号,机上和机下的相关人员相互间要通力协作,统一指挥,不要擅自行动。

(3)供气管连接要顺畅,不能扭曲。供气接头确保连接完好。

(4)严格沿安全通道作业,并保持好联络。

(5)严格做好监护,车辆停靠未挡好轮挡,禁止连接飞机。

任务 4 飞机空调车与波音 737-800 飞机操作

任务情境

波音 737-800 飞机与地面空调车的对接。

任务描述

1. 掌握 737 飞机与飞机空调车的管路连接方法。
2. 掌握空调机组的操作流程。
3. 掌握管路连接的注意事项。

任务分析及执行

1. 飞机外接空调设备注意事项

(1)使用地面空调设备给飞机供应空调空气。

(2)确保关掉组件后至少等候 35 s 才切断气源供应。如果在空气循环机(ACM)没有停下之前切断供应,会导致 ACM 损坏。

(3)确保飞机机体上有空调空气的出口,如果没有出口,会发生客舱过压,使人员受伤。

2. 外接空调接口和盖板

波音 737-800 飞机外接空调系统的原理如图 7-39 所示。

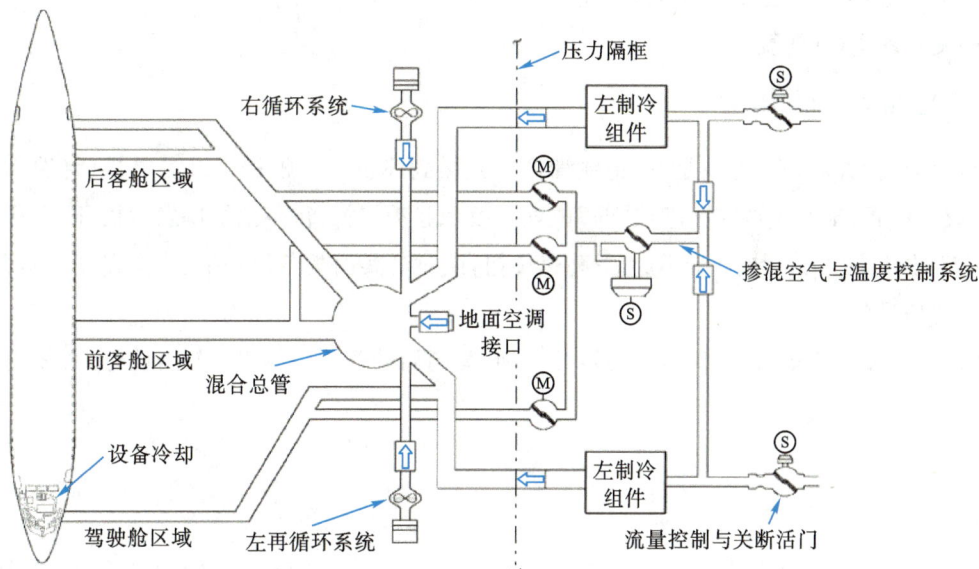

图 7-39 空调系统原理

3. 用地面空调设备提供空调空气

(1)打开低压 ECS 盖板,接近地面空调接口。

(2)确认地面空调接口内的摆动活门可以自由运动。

(3)将地面空调管与地面空调接口连接起来。

　　①将空调管上的紧固件与地面空调接口的卡槽接合上。

　　②旋转空调管,直到它锁紧到地面空调接口上。

(4)确保飞机上有空调空气出口。

　　①确认客舱压力外流活门打开。

　　②确认至少有一个旅客登机门打开。

(5)操纵地面空调设备向飞机供应空调空气。

4. 用空调组件提供空调空气

(1)飞机通电。

(2)气源系统加压。

(3)确保飞机上有空调空气出口。

(4)旋转 P5-17 客舱温度控制面板上的如下电门到 AUTO 位。

(5)将 P5-10 面板上相应的左组件 L PACK 或右组件 R PACK 电门设在 AUTO 位。

5. 停止空调组件供应空调空气

(1)将空调面板 P5-10 上相应的 L PACK 或 R PACK 电门放在 OFF 位。

(2)至少等待 35 s 后才切断气源供应。

(3)飞机断电(如需要)。

6. 空调车空调机组操作

(1)起动:检查油、水、电应足够,将软管拉出并接到飞机上。根据飞机需要量,将选择开关在冷①或②位置,出开关放在"强"或"弱"位置。扳动起动按钮,待柴油机爆发后松开(一次起动5 s)。待油机运转平稳后约 5 min,按下高速按钮,此时观察面板各仪表指示,应在规定范围内,压冷①、②信号灯亮。

(2)停车:按下停车按钮,待机组运转几分钟,关闭启动开关。将出气软管收好,关闭柜门。

◉ 任务5　除冰/防冰后的检查

任务 情境

2004年某航班发生空难,机组6人、乘客47人共53人全部罹难,同时遇难的还有一名地面公园工作人员。事故调查组通过对 CRJ－200 机型飞机进行气动性能、机翼污染物、机组操作和处置等进行分析,认为本次事故的原因是:飞机起飞过程中,由于机翼污染使机翼失速临界迎角减小。当飞机刚刚离地时,在没有出现警告的情况下飞机失速,飞行员未能从失速状态中改出,直至飞机坠毁。飞机在机场过夜时存在结霜的天气条件,机翼污染物最大可能是霜。飞机起飞前没有进行除霜(冰)检查。可见,除冰/防冰后的检查工作也至关重要。

任务 描述

除冰/防冰工作完成后,实施检查,确保所有积冰已经清除干净,必要时通过触摸检查确认。

任务 分析及执行

1.除冰/防冰液保持时间

按照中国民用航空总局可接受的数据制订所使用的除冰/防冰液预计的保持时间,包括:航空器制造厂家手册规定的数据、除冰/防冰液制造厂家说明书规定的数据、民用航空器维修行业标准 MH3145.49《民用航空器除冰/防冰》推荐的数据。

预计保持时间计算方法:从最后一步使用除冰/防冰液的开始时刻开始计算,并且不能超出上述中国民用航空总局可接受数据的范围。

2.起飞前的检查

如在预计的保持时间内起飞,应当完成起飞前检查,除非航空器制造厂家的手册中另有规定,检查路线如图 7－40 所示。

如超过了预计的保持时间,在起飞前 5 min 内应当完成起飞前污染物检查。

此项检查可以由机组在机舱内进行,也可以由机组或者其他有资格的人员在机舱外部进行,但要根据具体的机型、照明状况、气象条件和型号合格证持有人规定的其他条件确定。

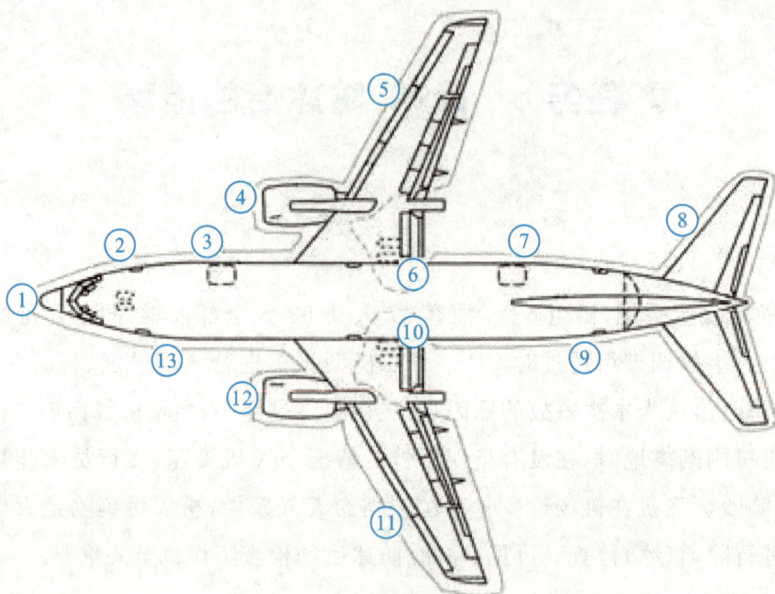

图 7-40　除冰检查路线

课后进阶

1.牵引车的功能是什么？

2.飞机牵引车的类型有哪些？

3.请简述飞机牵引的作业形式。

4.电源车的功能是什么？

5.请简述飞机地面电源车的工作原理。

6.飞机外部电源插座检查项目有哪些？

7.飞机空调车的功能是什么？

8.请简述飞机空调车的工作原理。

9.分析飞机空调车管路接口的连接方法。

10.除冰车作业内容有哪些？

11.请简述飞机除冰车的结构。

12.请简述除冰车行驶及喷洒路线。

一起来认识拉飞机的小电车

参考文献

［1］李幼兰.空气动力学和维护技术基础:ME、AV[M].2版.北京:清华大学出版社,2017.

［2］李永钢,白冰如.飞机维护[M].西安:西北工业大学出版社,2011.

［3］段新华,丁谦.飞机维护技术[M].北京:航空工业出版社,2020.

［4］郑东良.航空维修管理[M].北京:国防工业出版社,2006.

［5］屈滋培.可靠性工程[M].北京:原子能出版社,2000.

［6］符双学,刘艺涛.飞机维护技术基础[M].西安:西北工业大学出版社,2018.

［7］任仁良.维修基本技能[M].北京:清华大学出版社,2010.

［8］王洲伟,韩斐,谢岩甫.飞机维护基础[M].北京:国防工业出版社,2021.

［9］The Boeing Company. Boeing B737 - 600/700/800/900 Aircraft maintenance manual ［Z］. WASHINGTON:Boeing Commercial Airplanes Group,2009.